陈国刚———著

理财赢家
家庭理财投资
精进指南

中国铁道出版社有限公司
CHINA RAILWAY PUBLISHING HOUSE CO., LTD.

内 容 简 介

  本书由管理过上亿元资产的CFP持证理财师根据多年的理财经验，将价值不菲的理财课程进行提炼，编写而成。

  书中分享了家庭理财、信用管理、证券投资、基金投资、黄金理财、保险投资等内容，投资者通过学习书中的内容，可以让自己的财富保值、增值，成为理财行家。

  本书结构清晰、内容专业、案例丰富、实用性强，适用于各类家庭理财爱好者，如工薪家庭、白领家庭、老年家庭等，也适用于对个人理财感兴趣的读者，还可以作为投资理财公司进行培训、指导以及与客户沟通时的读本。

图书在版编目（CIP）数据

理财赢家:家庭理财投资精进指南/陈国刚著.—北京：
中国铁道出版社有限公司，2020.6
ISBN 978-7-113-26715-5

Ⅰ.①理… Ⅱ.①陈… Ⅲ.①家庭管理-财务管理-指南
Ⅳ.①TS976.15-62

中国版本图书馆CIP数据核字（2020）第042722号

书　　名：**理财赢家：家庭理财投资精进指南**
作　　者：陈国刚

责任编辑：张亚慧		**读者热线**：（010）63560056	
责任印制：赵星辰		**封面设计**：宿　萌	

出版发行：中国铁道出版社有限公司（100054，北京市西城区右安门西街8号）
印　　刷：北京柏力行彩印有限公司
版　　次：2020年6月第1版　2020年6月第1次印刷
开　　本：700 mm×1 000 mm　1/16　印张：16　字数：260千
书　　号：ISBN 978-7-113-26715-5
定　　价：59.00元

作为 CFP 理财师持证人，我一直在理财的领域深耕，随着新媒体的崛起，我开办了"有点产以后"平台，并作为主笔，原创了 800 多篇财经文章。

同时作为广州图书馆特邀讲师、财经记者圈特约分析师，为广大理财爱好者分享如何理财，特别是为中国银行、中国建设银行、中国农业银行、信诚人寿等金融机构提供培训服务，有超过 1000 小时的线下授课经验。

无论是人生还是理财，都是这样反复无常，我们人生可以确定的是，未来是未知的。而未知充满了风险，在这个世界上，也许能给我们带来安全感的就是财富，关键是新问题来了，我们未来的财富也是未知的，也充满了太多不确定的因素。

所以，我们要学会理财，要将手中已经有的、确定的钱，想办法让它保值、增值，变得更多，在增多的过程中，将未知变成已知，将未来的不确定、不安全，变得确定、安全。

就让我们一起学学怎么理财吧！本书主要分为 10 个模块，均为笔者多年的投资、理财经验的总结。

书中对于理财的方法和问题，在进行全盘讲解和解答的同时，还结合大量真实的案例进行分析，从而让读者可以更快地掌握理财技巧，并活学活用。

通过这种系统而翔实的讲述，能够为读者带来切实的好处，使其在理财的道路上走得又稳又顺，但也要牢记，理财有风险，投资须谨慎。

本书由陈国刚编著而成，参与编写的人员还有谭焱等人，在此表示感谢。由于作者知识水平有限，书中难免有错误和疏漏之处，恳请广大读者批评、指正，联系微信：157075539。

编　者

2020 年 3 月

目录
Contents

第1章

真相来袭：你不理财的后果很可怕

在现代社会中，人们都开始注重理财。尽管每个人理财的渠道不尽相同，但理财的目的基本是一样的：为了让生活更有质量。但是在理财之前，需要对要理财的真相有一个更为长远和深入的认识。

否则，不理财的后果会很严重，那么到底有多严重呢？

1.1 为什么要尽快进行金融理财

一提到理财，大家第一时间能想到的鸡汤就是"你不理财，财不理你"。然而若是你信了这句话，那么往往一通"理财"下来你会发现：财不但没理你，还哗啦哗啦地往外流。时间久了，仿佛全天下都在和你作对，或者你觉得总有一双眼睛在盯着自己的钱包。甚至整个世界都变成了一场"阴谋"，好心情没了，人和咸鱼又有什么分别？

这一切的一切，很可能就是从你听到"你不理财，财不理你"开始的，之所以说这是一句可以误导"众生"的"毒鸡汤"，是因为这句话听起来很容易让人觉得，理财这件事主要是用来创造财富的。创造财富，那不是炒股、炒黄金之类的吗？于是，投资者以理财为名，拿上自己的那点存款就冲入各种投机市场，虽然是投机，甚至是赌博，但是当它以理财为名的时候，一切就都变得理所应当。

1.1.1 生命周期里的收入与支出不匹配

把理财说得如此不堪，我们还要不要理财？当然要，不但要理财，而且要尽快理财，所谓的不堪，不是理财的错，而是"你不理财，财不理你"这句"毒鸡汤"误导出来的错。所以，在考虑要不要理财的时候，首先要明白理财的本质是什么以及我们所处的基本财务环境是什么？

金融的本质是什么？说白了，就是钱在空间或时间上的交易，那么理财的本质呢？其实一样，就是将我们一生能获得的财富在时间上进行交易。

我们为什么要这么做呢？很简单，因为我们的一生，收入和支出是不匹配的，我们的收入集中在成年工作以后至退休这段时间，往往在 40 岁左右的壮年时收入达到顶峰，如果我们以时间为横坐标，以金额为纵坐标，那么我们收入的曲线应该是一条抛物线。

然而我们的支出却从出生那一刻开始直至生命结束，它可能也是一条抛物线，但是两条抛物线并不重合。

比如，我们未成年时没有收入，父母用他们的收入抚养我们长大，而我们壮年时父母老了，我们就有赡养父母的义务。比如，我们结婚要买房子，但是我们的收入和储蓄不够，这样我们就要借贷，然后用未来的收入去还。再比如，我们老了，没有收入了，有的只是社会基本养老金，我们要保持生活质量，需要用年轻时存下来的钱，等等。这些就是财富在人的一生的不同时间点的交易，这是理财的本质，也是我们要理财的先天原因。

可见，理财的目的不是创造财富，它首先是财富跨越时间的一种安排，无论你理不理财，财都在那里，只是你不理财，你的财富使用效率会比较低，你虽然在年轻时会赚很多钱，但是没有理财，可能也不会过好这一生。

1.1.2 货币的时间价值问题

有人会说，既然理财是时间上的交易，那么找个会计算算账，将不同时期需要的钱准备好不就行了？这个方法当然可以。如果你生活在古代，那么把赚来的银子挖个坑埋了，到用的时候取出来就可以了。然而，我们生活在现代，理财是跨越时间的交易，看上去简单，做起来却不那么容易，因为我们会面临如下两大障碍。

第一个障碍就是大家常说的货币时间价值问题，其实这个障碍准确点说不应该用"时间价值"这个词，而应该叫作货币时间价值的比较优势。因为这是两个层面的问题。一个是通货膨胀会侵蚀我们的财富，经常有专家出来说，30 年前一万元，你如果挖坑埋了，那么即便还能用，其购买力也仅剩下 10% 不到。确实，现代货币体系都是信用货币，国家作为货币的发行者先天具有超发货币的欲望，但是通货膨胀还不是最重要的，最重要的即另一个层面，我们和自己差别不大的人群比财富是上升了还是下降了。古人云，"不患寡而患不均"。在生活上，穷了是痛苦，但不均带来的是憋屈，相比之下，憋屈是更严重的。

所以站在这个角度来说，我们将财富进行跨越时间的交易时，交易之后的财富价值不应低于社会的总货币增长率才是目标，这个目标现在比通货胀胀要高，2019 年 12 月末，M2 同比增长 8.7%，这就使理财变得困难，不是挖个坑或买个余额宝就能做到的。

第二个障碍说起来就简单了，那就是现代社会的分工越来越细。在古代社会，人们在生活中大部分事情靠自己，想养老就多生孩子，教育孩子自己亲手去教。而现代社会是高度分工的，养老也好，教育也罢，它是高度社会化分工的。分工就意味着要交易才能获得自己的生活所需，这需要你拥有一定的财富作为基础。尤其是当面临一些靠自己的财富水平不能承受的交易时，在理财的同时还需要考虑概率分布的问题，这也使理财变得复杂。

所以，在现代社会，或是因为货币的时间价值，或是因为比较优势，或是因为风险概率，都需要我们进行理财认知，而不是当鸵鸟，对理财一味地回避。

1.1.3 早理财和晚理财的差异

笔者要说的是，虽然"你不理财，财不理你"是一句"毒鸡汤"，但是对于理财这件事却是越早做越好，随着时间的积累，早理财和晚理财是有巨大差异的。这个差异的来源可以说是货币的时间价值，也可以说是财富处于混乱时的熵很高，总之越早理财，越早地使财富运作处于高效率之中，你所获得的效用也就越大。

说得有点儿抽象，举一个简单的例子。一个人从 25 岁开始固定投资，每个月 5000 元，投资十年后不投了，然后将这笔钱等到退休时使用。另一个人从 35 岁开始投资，也是每个月 5000 元，一直投到 60 岁退休。以 8% 的年化率计算，最终这两个人谁的钱更多？答案自然是从 25 岁开始理财的人。

"你不理财，财不理你"，这句话可以改成"你不理财，没人理你"。

1.1.4 资本市场的动荡不安

风已经来了，股市大幅上涨之后必然会波动得越来越剧烈，面对剧烈波动的股价我们如何自处？我们又如何在股市中最终能够赚到钱，而不是被"割韭菜"？其关键不在于市场而在于我们的内心，能在剧烈波动的市场环境下保持自己的心不动，才是最终股票获利的关键。

那么如何做到在市场波动面前"我心不动"呢？靠打坐、练气、自律、节食吗？显然不是的。这要靠股票市场之外的理财规划。如果你要问在股票市场中现在应该怎么投资？我会告诉你，放弃创业板拥抱大蓝筹，这是战术层面的东西，但是投入股票市场投资之前的理财规划却是战略层面的东西。

进入股市前的理财规划就是投资股市最大的战略，它决定了在股市中该不该投资的问题。除此之外，理财规划对股市的意义还在于战术层面，它能帮助你真正地把握股票市场的趋势。

众所周知，在股市中赚钱要依赖上涨的趋势，但是即使上涨的趋势存在，想要抓住也是一件非常困难的事情。在股市中赚钱容不容易？很容易。一句话，买茅台，不要卖就可以了。茅台股价看上去很贵，但是咬咬牙买入，很多人还是做得到的，但是"不要卖"这件事可就难做了。

因为任何趋势都不是一直涨的，而是震荡上行，像茅台这种进二退一是客气的，很多股票甚至是进三退二的。面对这样的波动，我们如何才能在心理上坚持下来？只能依靠两个途径：一个是通过分散来降低波动；另一个是通过时间来磨平波动。

理财规划，在持有这件事情上发挥着重要的作用。

一方面，通过事先的理财规划，你可以使用恰当的钱去投资股市，这笔钱通过心理账户效应映射出来的风险承受能力是比较高的，而更高的风险承受能力决定了更长的持股时间。

另一方面，理财规划本身就对资产按照实际的需求进行分散化配置，从而降低总资产的波动性，站在总资产的角度，更容易找到借口形成损失更低的感觉，从而控制损失厌恶情绪，这在降低波动性的同时提升了延长持股时间的可能性。

个人理财规划除了在战略上的决定作用和战术上的辅助作用，还能帮助我们发现趋势。趋势是如何被发现的，跟风吗？显然不是，趋势的发现依靠的是不跟风的独立思考。

趋势一旦形成便具有持续性，但是趋势本身又带有"自我毁灭"的属性。当一个趋势被人们所熟知，如果没有外力的干预，那么这个趋势离结束也就没多远了。

所以，一个真正能赚钱的趋势有赖于独立思考，而独立思考是一件挺难的事情，首先就要排除市场情绪和价格波动带来的干扰。那么我们如何排除这种干扰呢？那就是有完善的个人理财规划。有了理财规划作为基础，我们就可以最大限度地排除价格波动和市场情绪对我们投资分析的干扰，从而通过独立的思考找到自己需要的趋势。

炒股票赚钱这件事的功夫，其实是在股市之外的，投资者进入股市前要先做好自己的综合理财规划。孙子曰："多算胜，少算不胜，而况于无算乎？"行军打仗如此，投资亦如此。

1.2 理财的这些好处你知道吗

人生有未来，所以要理财。人生有"六怕"（怕走得太早、活得太久、活得太惨以及怕生病、怕出意外、怕没钱养老），所以要规划。现在能赚钱不代表将来能赚钱，现在有钱不代表将来有钱，现在身体好不代表将来身体也好。投资只是生钱，理财才是留钱和保钱。正因为每个人都有许多不同的需求，所以都要进行理财。

1.2.1 增加经济收入

很多人薪水不高，但仍有致富的梦想，为了更好地生活而努力赚钱。但是很多人努力了很久，却总是原地踏步。那么，如何才能通过理财增加经济收入呢？

（1）善于提出积极的问题。只有积极的问题，从正面思考，才可以创造财富。例如，家庭主妇可以从生活中想想有哪些赚钱的方法，找一天坐下来好好思考。

（2）兴趣可以创造商机。每个人都有创业的潜能，所谓创业不一定需要大生意，任何小事情都可以成为一门生意。

（3）努力争取加薪。想要加薪，必须有较高的工作效率，或提供优质的服务，只要有本事，并经常自我反省与努力，那么过不了多久一定可以达成目标。

另外，重视在职进修和加班也是赚钱的方法。只有掌握正确的理财方式，才能使每个人拥有较为宽裕的经济能力和支付能力，从而改善并提高生活质量。

1.2.2 减少多余开支

每天要吃饭，水、电、煤气等费用都是跑不掉的，这是每一个人在生活中必不可少的开支，穿衣打扮、休闲娱乐自然也是生活的一部分。在美国中产家庭，每年用于这些日常开销的费用约为 14200 美元。当然任何人在理财时都不可能只进不出，只是在支出的方式和习惯上不同而已。

要想减少不必要的开支，就必须按照理财计划精打细算。例如，在经济不好的时候，就在减少日常生活开支上动动脑筋，也就是省吃俭用，少花钱。特别是普通的工薪族，由于收入有限，更要注意节俭，做到能省则省。

1.2.3 改变生活方式

财富自由是很多人的梦想，但大部分人是普通的工薪阶层，如何才能追逐财富的脚步，过上富裕的生活呢？答案是理财！

一个生活在现代社会的人，面临诸多压力，虽然机会到处都有，但并不代表处处都能成功。若要真正能够顺顺利利地生活，则需要具备各方面的素质：智商（能使人聪明）和情商（能使事业成功），以及最重要的财商（理财智商）。

理财不是简单的省钱，也不只是储蓄、炒股，而是一门极大的学问。真正富有的人，除了拥有金钱上的财富，还应拥有时间和精神上的财富，即他们懂得合理地运用自己的时间，科学地管理自己的金钱，并享受努力的成果，将理财也当成生活的一部分。

也许你是"月光一族"，正希望摆脱窘境，也许你收入微薄却有很多梦想想要实现，也许你小有存款正准备刷新存单……无论你身处哪个阶段，理财都是你不可或缺的生活要务。无论你月薪多少，有多少开支，只要找到最适合的理财方法，让理财成为一种生活方式，就能使你的生活越来越好。

1.2.4 抵御各类风险

古人云："天有不测风云，人有旦夕祸福。"一个人在日常生活中经常会遇到一些意料不到的问题，如生病、受伤、伤残、亲人死亡、天灾、失窃以及失业等，这些都会使个人财产减少。人生每向前一步，或有收获，或有风险，而只有未雨绸缪，才能抵御不期而至的风险。

理财的功能是在保障生活的同时实现资产升值。所以，进行理财规划，以求做到在遭遇不测与灾害时，有足够的财力支持，顺利渡过难关；在没有出现不测与灾害时，能够建立"风险基金"，并使之增值，可以使一个人的生活和未来更有保障。另外，对收入越高的人来说，其理财需求越旺盛，因为他们的收入高，理财决策失误造成的损失会比收入低的人造成的损失更大。

1.2.5 积累幸福生活

每个人都希望拥有幸福美满的生活，但是首先需要问自己有没有这样的能力？房子、车子、票子，在某些人眼里是财富的象征，是生活品质的保证，是他们一生努力追求的目标。

幸福生活需要金钱作为支撑。因此，每个人都应学会管钱、用钱、赚钱，做金钱的主人。另外，还需要记住，理财的终极目标不是积累金钱，而是积累幸福。毕竟有品质的生活需要物质作为基础，幸福的日子需要对财富进行合理规划。

1.2.6 优化资产结构

人的资产通常由金融资产和实物资产两大类组成，运用组合投资原则可以合理地安排自己的资产结构，以达到分散资产风险、增加收益的目的。由于每个人的实际情况不同，在组合时也应因人而异。常见的投资组合方式如下：

（1）储蓄占30%。俗话说："理财从储蓄开始。"储蓄收益虽然低，但却是一种安全性高、稳定性好的投资方式。

（2）国债占30%。国债的信誉高，收益也远高于储蓄，而且是免利息税的。

（3）股票占5%。虽然股票的收益比较高，但其风险也十分大，因此可以少量购买做长期的投资。

（4）基金占5%。基金具有分散风险、由专家理财的优势，是老百姓最适合的理财工具，但是与存款不同，投资基金是一门学问，并不是所有的基金都能带来同样的收益。因此该部分的比例也不宜过高。

（5）其他占30%。除了上述投资品种，还有如收藏、期货等，但它们都有各自的优点和缺点，投资者应根据自己的喜好和经济情况，酌情选择，应做到量力而行，不要超过自己的能力范围。

1.2.7　保障退休生活

每个人都会变老，都需要面对退休后的生活。退休后，收入就会减少，那么应该怎么办呢？

例如，40 岁的王先生在某外资企业任职，其存款、基金等资产总计约 200 万元，他希望和妻子在 60 岁时退休，预计退休后的生活至少 20 年。他希望每月家庭总支出至少为 15000 元，计划准备 100 万元养老金。经过理财师分析后，王先生发现在他假定通胀率为 2% 的情况下，他到退休时需要近 400 万元才能满足退休生活，他的退休准备金 100 万元如果能保持 5% 的年回报率，那么到退休时可达 265 万元，实际缺口为 135 万元。于是，王先生便有了清晰的准备目标，可以制订出合理的理财计划，以保证老年生活无忧。

1.2.8　提高自身信誉

常言道："好借好还，再借不难。"合理地计划资金的筹措与偿还，可以提升个人的信誉，增强个人资金筹措的能力。当然，科学地规划个人的财务也能保证自己的财务安全和自由，不至于使自己陷入财务危机。

1.2.9　抛弃不良习惯

成也习惯，败也习惯。好习惯是成功的基石，而坏习惯则是一生的累赘，它会引导一个人由成功走向失败，将到手的成功果实付之东流。因此，无论什么人，只要保持良好的习惯，改变不良的习惯，都可以走向成功。

理财是一种积极的生活方式和生活态度，可以培养一种好的习惯和意识。无论一个人有多少钱，当决定开始理财时，都应该让理财成为一种习惯，而不是想起来则理，想不起来就不理。财富的全部秘密就是爱惜钱、节省钱、钱生钱。理财是一件简单的事情，是一种良好的习惯，要从生活的点滴做起。好的习惯能成就一个人，坏的习惯会毁掉一个人。年轻人为了以后的美好生活，应该及早抛弃不好的习惯，养成理财的习惯。

1.3 我们该如何理财投资

在这个时代，我们需要靠自己未雨绸缪，从今天开始就要准备。准备什么呢？很简单，尽可能地储备资源，并将资源不贬值地转移至 30 年后。

储备资源还好说，从现在开始存钱就可以。但是不贬值地转移至 30 年后却难了。过去 30 年，我国年均 CPI 为 5.41%。30 年前的 1 万元，仅相当于现在的 1652 元，贬值 83.58%。如果按照 M2-GDP 来算，则 30 年平均是 10.9%，近 20 年平均为 7.3%，近 10 年平均也有 6.9%。你资产的年均增值速度要超过 7% 这个水平才有可能不贬值，超过 10% 才能算是有增值，才算有了财产性收入。

那么如何才能够长期做到 10% 的年化收益？当然可以依靠自己的投资能力，但是这种投资能力恐怕只有少数人才具备。大多数人是不具备这个能力的，没有能力贸然投资，可能还不如不投。

对普通人而言，要做到长期 10% 的收益就必须依靠资产配置。美国学者通过研究发现，在美国的金融市场，选择时间和选择标的对资产收益的影响只有 10%，而资产配置却有 90%。这也就是说，普通人是可以通过资产配置做到专业投资者的那 90% 的。

那么资产配置有什么好处呢？它的好处就是你可以不需要选择时间标的，只需要按照固定的比例和策略配置资产，然后每年花一个小时进行调整就可以。通过资产配置，在一个长期的投资时间内，是能够获得更高收益和更低风险的。

可能有读者看到这里会说："你又忽悠我，不是都说高风险、高收益吗？怎么会有更低风险、更高收益呢？"其实，资产配置确实能够做到。下面举一个大家都能看得到、做得到的例子。

假设笔者在 10 年前拿 10 万元投资 A 股，那么到现在会是什么结果呢？笔者大致测算了一下：10 年下来年化收益率是 9.79%，用来标识风险大小的标准差高达 66.48%。如果这 10 万元一半用于投资股票，一半用于投资债券，并每年调整一次维持在 1∶1 的比例会怎么样呢？测试的结果显示，该收益率变成了 11.97%，而标识风险大小的标准差降低了一半，仅为 33.89%。

通过一个简单的股票与债券的恒定比例配置，就轻松提高了收益而降低了风险。为什么会这样呢？一个关键的原因是资产配置降低了不利情况下的损失比例，虽然在有利时收益并不高，但仍能跑赢单一资产。100 元亏 50%，要涨 100% 才回本；而亏 25%，就只剩下 75 元，如果想涨回 100 元，即 100 除以 75，则涨 33% 就能回本。

既然事情说清楚了，那么下面开始聊干货。最近市场动荡，我们理财投资该怎么投呢？对那些买入卖出的事暂且不说，这里给大家提供一个长期的资产配置方案，方案很简单，大家都能做到。

（1）确定资金投资股票和债券的比例

投资者可以根据自己的风险承受能力来调整这个比例，对于每种比例组合的收益情况，笔者已经帮大家算了，如图 1-1 所示，红色标出来的部分，是笔者建议的比例风险收益比相对合理的部分。

（2）从债券的比例中拿出 10% 配置黄金

股票和债券的组合最大的风险是系统性风险，而对冲系统性风险是黄金的强项，加入 10% 的黄金会使组合的风险收益更加平衡。

笔者也帮大家测算了加入 10% 的黄金的情况。如果股票占 50%，债券占 40%，黄金占 10%，按照此比例投资，那么过去 10 年的收益是 12.05%，标准差是 34%。这个组合还是比较理想的。

股票比例	债券比例	收益率	标准差	单位收益率承担的风险
100.00%	0.00%	9.79%	66.48%	6.79
90.00%	10.00%	10.91%	59.94%	5.49
80.00%	20.00%	11.60%	53.41%	4.60
70.00%	30.00%	11.95%	46.89%	3.92
60.00%	40.00%	12.00%	40.38%	3.37
50.00%	50.00%	11.76%	33.89%	2.88
40.00%	60.00%	11.27%	27.43%	2.43
30.00%	70.00%	10.50%	21.04%	2.00
20.00%	80.00%	9.46%	14.79%	1.56
10.00%	90.00%	8.13%	9.01%	1.11
0.00%	100.00%	6.48%	5.45%	0.84

• 图 1-1　资金投资股票和债券比例

（3）每年调整一次资产组合

资产配置好后，随着资产价格的变动，投资比例会逐渐偏离原来的设定。我们每年调整一次，卖出超过比例的资产，买入低于原比例的资产，让资产配置回到原来的情况就可以。这个组合中股指、债券都可以通过选择一个基金来搞定。至于具体事项直接询问你所信任的理财经理即可。

你可能会问，这个组合这么简单，要不要多配置点其他的？分散也好，集中也罢，走到极端都是错的。过于分散，虽然风险低了，但是收益也会下降。如果把之前的组合中掺入 25% 的美国标普指数会怎么样？风险确实会低 10%，但是同时组合的收益率也会跌 1%。当然，加入美国股指也是可以的。

从现在开始通过资产配置，以 12% 的年化收益率长期积累，我们也许才能安心养老。

1.4 通货膨胀告诉我们一定要学会理财

上一轮猪肉涨价是 2007 年，然后就发生了金融海啸，最近一轮就是 2019 年。不能说金融海啸就是猪引发的，然而通货膨胀是每个人都会体验到的主要的经济现象之一。

1.4.1 什么是"通货膨胀"

到底什么是通货膨胀呢？经济学家讲的通货膨胀是在信用货币制度下，流通中的货币数量超过经济实际需要而引起的货币贬值和物价水平全面而持续地上涨。也就是，通胀率 = 流通中的货币增速 − GDP 增速。

说得直接一点，就是钱印得太多了，钱不值钱，东西就会越来越贵。

1.4.2 衡量通货膨胀的指标是什么

了解了"通货膨胀"的含义，我们再来看看衡量通货膨胀的指标是什么？每个国家相关部门都很关注自己国家的通货膨胀率，都时刻监测通货膨胀水平，总之就是想办法控制住不要涨太多也不要跌太快。那么到底应怎样去看通货膨胀的情况呢？答案是看物价指数。

物价上涨意味着通货膨胀，通过各种商品的价格变动计算出一个指数，就是物价指数。从理论上来说，如果全部交易都记录在案，将这个月的所有产品的成交单价和上个月的成交单价做对比，就可以清晰地知道价格指数。但这对统计部门来说太难了，所以在计算价格指数时对所有的商品进行了分类，然后进行抽样调查，最后按照一定的权重来进行计算。

平时我们可以看到的价格指数，就包括居民消费价格指数（CPI）、商品零售价格指数（RPI）、工业生产者购进价格指数、工业生产者出厂价格指数（PPI）等指标，这些指标都可以从不同角度反映通货膨胀的程度。

国家统计局还公布一个"70 个大中城市住宅销售价格指数"指标，反映的是70 个大中城市房价的情况。对于这些指数都可以在国家统计局的网站上进行查询。通常情况下，大家要关注的物价指数有两个，即居民消费价格指数（CPI）和工业生产者出厂价格指数（PPI）。

1.4.3 居民消费价格指数（CPI）分析

顾名思义，居民消费价格指数是根据人们日常消费的东西编制的价格指数。每个月公布一次，每次都能查到这样的数据，如图 1-2 所示。

看起来 CPI 好像是可以直观感受到的，但其实统计部门公布的数据经常会和我们的感受不太一致。不一定是数据有问题，主要是因为 CPI 统计中包含的商品种类很多，每一期都包含价格上升的品类，也有价格下降的品类。你可能感受到房价一直在涨，但是其实没几个人天天买房，所以房价的波动其实占 CPI 的比重很小。

上述分类也不是一成不变的，会根据实际情况变换口径。其实，CPI 是一种物价指数，也只是从一个角度尝试反映通货膨胀而已。就像美国，应该看 PCE，而不是 CPI。不像 CPI 基于一篮子固定商品计算，PCE 为平减指数，用于计算所有国内个人消费品价格的平均增长，能够反映由于价格变动使消费者购买替代产品的价格。所以 2002 年被美联储确认为货币政策制定的依据。

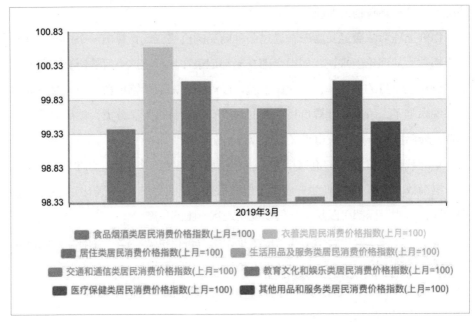

• 图 1-2　价格指数

1.4.4　工业生产者出厂价格指数（PPI）分析

PPI 的编制方法与 CPI 大致类似，都是首先按照不同类别的产品进行分类，然后通过抽样调查一些工业企业的出厂价格，进行加权汇总得出结果。笔者这里也在国家统计局下载了一个 PPI 的数据，如图 1-3 所示。

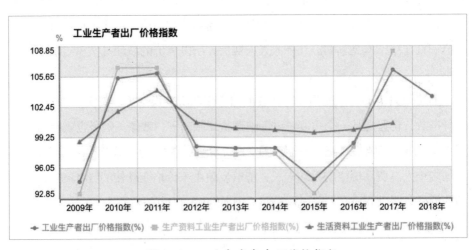

• 图 1-3　工业生产者出厂价格指数

PPI 的数据上升就意味着生产成本上升，这意味着生产出来的商品价格要上升。接下来人们购买的商品也会涨价，可能 CPI 也会跟着上涨。

可以这么理解，CPI 和 PPI 都是通货膨胀的衡量指标，CPI 影响的是老百姓，PPI 影响的是企业的利润。

1.5 投资的梦想与赚钱的现实差距

2019 年的经济数据终于全部更新完了，按照统计局的说法是：经济增长平稳，结构持续改善，经济正在高质量发展，增速世界领先。

宏观经济和股市还是有点关系。所以，我们这里不说整体，只说局部。

1.5.1 什么生意现在最赚钱

梦想很美好，现实却很诚实。边缘计算，泛在电力物联网，这些概念用来忽悠股民可以，但是对生意人并不起作用，他们眼里永远是能否实实在在地赚到钱，哪里赚钱就投哪里。

那么什么行业在 2019 年最赚钱呢？很简单，看看生意人的钱都砸向了哪里即可知道。2019 年，前两个月投资增速是 6.1%，略有回升却很微弱。虽然整体一般，但是某些行业投资增速确实很高。猜猜 2019 年前两个月投资增长最大的行业会是哪个？是高科技吗？是 5G 吗？是泛在电力物联网吗？这些时髦的都不是，而是一个土得不能再土的行业，如图 1-4 所示。

千股在林，真不如一矿在手，看看钢铁、煤炭等行业的利润率就知道了。除了采矿业，投资增速最快的行业是娱乐业，如图 1-5 所示。

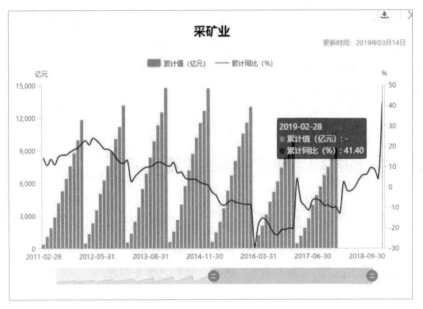

● 图 1-4　采矿业利润率

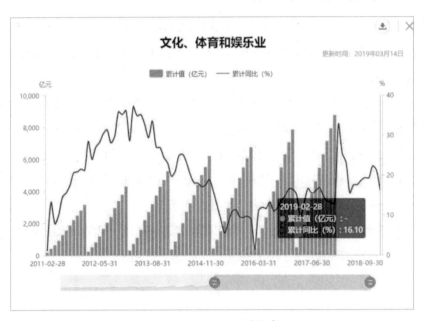

● 图 1-5　娱乐业利润率

对，你没看错，就是 2018 年被严厉整顿的这个行业。投资增速虽然下滑，但仍然高达 16.1%，可见这个行业过去有多么红火。文体娱乐业之后就是教育业，2019 年前两个月投资增速达 14.8%，如图 1-6 所示。

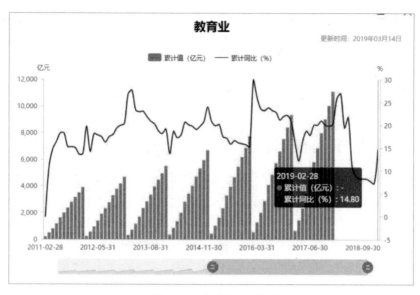

• 图1-6　教育业利润率

大家想一想自己家的小区，过去一年里什么店的生意最红火？好像是健身房和补习班。说了半天的高科技、边缘计算、泛在电力物联网呢？这里没有这么详细的数据，与科技有关的是如图1-7所示的数据。

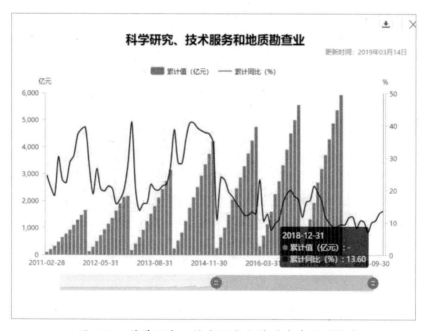

• 图1-7　科学研究、技术服务和地质勘查业利润率

13.6% 的增速其实还不错，只是不知道这个数据增长中，有多少是来自找矿投资的增长。从采矿业的数据上看，估计占比不低。笔者不太明白为什么要把科学研究和找矿放在一起，也许，找矿这件事也是高科技，并且在科学研究中的占比不低，否则也不会单独列出来。

1.5.2 房地产还有春天吗

房地产的春天什么时候来？2019 年经济数据中比较诡异的是房地产投资数据，2019 年房地产投资增速大幅回升至 11.6%，如图 1-8 所示。

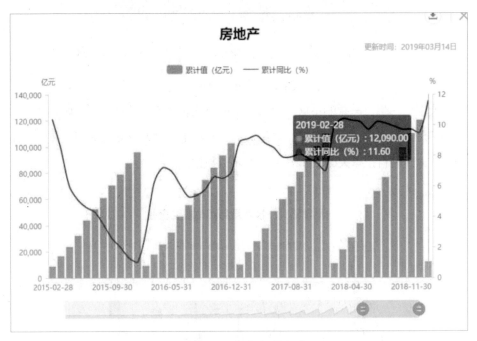

● 图 1-8 房地产利润率

相比房地产投资，基建投资回升很有限，而制造业投资增速更是直接跳水。可以说固定资产投资增速的回稳就是靠房地产的拉动。如果再考虑到 1~2 月的消费增长仍处于历史低位，那么可以说，房地产几乎已经成为国民经济的支柱。

在国家的严厉调控下，2019 年前两个月的房地产销售数据终于开始跳水了，如图 1-9 所示。

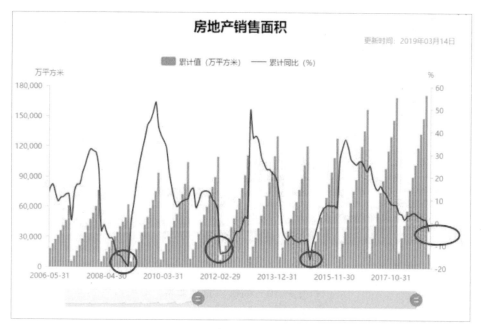

• 图 1-9　房地产销售面积数据

销售面积负增长 3.2%。这是房地产投资的先行指标，房子卖不出去，大家不借钱给地产公司，那么谁还去投资呢？所以，在不久的将来，这个投资增速估计会逐步走低。

1.5.3　白领的职业危机

白领的工作可能不那么好找了。这次有一个数据还是挺让笔者意外的，那就是城镇调查失业率，从 2018 年年底的 4.9%，升到了 5.3%，如图 1-10 所示。

就业是事关国家稳定的头等大事，在任何国家，失业数据都是政策制定的重要依据之一，但作为世界第二大经济体的我国，以前对于失业这件事只有城镇登记失业率一个数据。

基本失业率这个数据不好统计，于是 2018 年又有了一个调查失业率，如图 1-10 所示。

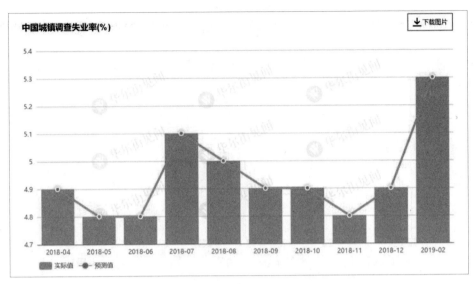

• 图 1-10　城镇调查失业率

就像我们的 GDP 增速，都在 6.6% 上下以 0.1% 的幅度波动，忽然有一个季度是 6.4%，看上去下滑很少，但你能不重视吗？

第 2 章

会赚会花：个人家庭财务规划

常言道"吃不穷、穿不穷，算计不到就受穷"。在这个日新月异、竞争激烈的社会，我们不仅要整日奔波，充实自己的"腰包"，还要"管好手中的钱"，通过清理家庭的资产现状，了解自己的财务状况。

2.1 了解自己，轻松理财第一步

在很多人眼中，理财就是投机，人们都渴望通过这条路一夜暴富，最终成为一名富翁。但是一个人理财成功与否，并不是由这个人的理财技术和手段来决定的，而是由这个人理财的心态决定的。所以，在理财的过程中，了解自己是第一步。

2.1.1 了解家庭财务信息

对于你的财产，你了解多少？从专业角度来说，其实很多人连自己的钱都不能做到心中有数，这样又怎能奢求它会带来财富呢？由此就凸显出清点财产的必要性。在家庭理财中，通常有如下 5 类财务信息。

1. 金融资产

金融资产主要包括现金和银行存款，货币市场基金原值计价，利息收益作为当年的收入。金融资产（生息资产）是指那些能够带来收益或在退休后将要消费的资产，主要包括手中的现金、金融机构的存款、养老金的现金价值、股票、债券、基金、期权、期货、贵金属投资、直接的商业投资等。金融资产是理财规划中最重要的一部分，因为它们是财务目标的来源。除了保险和居住的房产，大多数的个人理财就是针对这些资产的，也可以把直接的商业投资单独列为一类，即经营资产。

除现金及现金等价物外，能够带来未来增值收益的金融资产，包括股票、债券、基金、期权、保险以及贵金属等，其计算方法如表 2-1 所示。

表 2-1　金融资产的计算方法

资产类型	计算方法	计算结果
债券	市价或面额	
股票	数量 × 股票价格	
基金	单位数 × 基金净值	
保单	费用型保单：不计入	
收入型保单	计入，现金价值	
其他金融资产		

2. 实物资产

实物资产是生活中所必需的资产，如房子、汽车、家具、家电等。实物资产的积累也是很多人的理财目标之一，尽管它们不会产生增值收入，但它们可以提供消费，包括自住房产、投资性房产、汽车、家具、家电、珠宝、有价值的收藏品等，其计算方法如表 2-2 所示。

表 2-2　实物资产的计算方法

资产类型	计算方法	计算结果
住房	买价，最近估价	
汽车	最近估价 − 损耗	
其他自用资产	最近估价	

3. 奢侈资产

奢侈资产不是生活中所必需的，这一类资产大部分属于高档消费品，主要包括珠宝、度假的房产或别墅、有价值的收藏品等。奢侈资产与个人使用资产的主要区别在于变卖时奢侈资产的价值高，其计算方法如表 2-3 所示。

表 2-3　奢侈资产的计算方法

资产类型	进一步细分科目	计算结果
珠宝现值	珠宝种类 / 细目 / 数量 / 成本 / 市价	
度假别墅现值	坐落地点 / 面积 / 买入日期 / 成本 / 市价	
收藏品现值	收藏品种类 / 细目 / 数量 / 成本 / 市价	
其他奢侈资产现值	种类 / 细目 / 数量 / 成本 / 市价	

4. 债权资产

债权资产主要指对外享有债权，能够凭此要求债务人提供金钱和服务的资产。债权资产的具体形式主要包括如下 3 种：

（1）在各种存款和贷款活动中，以转让货币使用权的形式形成的债权资产。

（2）在各种商品交换中，以转让商品所有权的形式形成的债权资产。

（3）在其他经济活动中所形成的债权资产。

债权不是财产，而是财产权，是一种权利，是债权人的一种资格、自由、能力。确切地说是债权人要求债务人必须给付其一定财产的资格、自由或者能力。

5. 资产负债

资产负债根据时间的长短，可以分为短期负债和长期负债。

（1）短期负债。指一年之内应偿还的债务，主要包括信用卡应付款、电话费、电费、水费、煤气费、修理费用、租金、房产税、所得税、保险金等。

（2）长期负债。一般指一年以上要偿还的债务。具体来说，这些债务包括贷款、所欠税款以及个人债务等。其中最为典型的是各类个人消费借贷款和质押贷款。资产长期负债的主要科目如表 2-4 所示。

表 2-4　资产长期负债的主要科目

主要科目	进一步细分科目	负债金额
信用卡应付款	发卡银行 / 当期应缴款 / 期限 / 循环信用余额	
汽车贷款	贷款期限 / 贷款额 / 利率 / 每期应缴额 / 贷款余额	
按揭贷款	贷款期限 / 贷款额 / 利率 / 每期应缴额 / 贷款余额	
股票质押贷款	股票名称 / 股数 / 贷款时价格 / 贷款额 / 质借余额	
股票融资融券	股票名称 / 股数 / 融资时价格 / 融资额 / 融资余额	
其他负债科目		

2.1.2　检查收支，清清你的财务状况

要想拥有财富，就要一切向会理财的人看齐。在理财人士的理财观里，第一项就是财务要独立。如果连财务都不能独立，那么就不要提什么财富。没有一个稳固的经济基础，又怎么可能一步步实现自己的梦想，建立起自己的财富王国呢？

1. 清理个人基本情况

当你的财务独立后，就需要清理一下自己的个人基本情况，比如个人的年龄，从事的职业，身体的健康状况，有哪些家庭成员以及家庭成员的年龄、职业、健康状况等。如表 2-5 所示为个人基本情况。

表 2-5　个人基本情况

姓名		职业	
年龄		健康状况	

	关系	姓名	年龄	职业	健康状况
主要家庭成员 及社会关系					

2. 清理个人财务状况

清理财务状况可以深入了解自己的财产内容，及时、合理地计量，有利于正确了解个人的资产状况，对正确设定理财目标、选择合适的投资组合、合理安排收入支出比例及资产的保值、增值途径有十分重要的意义。

清理财务状况的主要内容包括本人和家庭成员的收入，生活支出和各项费用如何，生活水平如何，生活中有没有负债，有没有潜在的金钱隐患，用了多少钱去进行风险投资，是否有相当于至少两个月生活费的备用资金。可以将答案写在纸上，再自我评估一下，看看是否对自己的答案满意。

如果你收入稳定，没有债务和金钱隐患，且家庭成员都身体健康，更没有过多的风险投资，则可以说财务总体上是健康的。

3. 清理资产负债项目

一个人的负债比率如果过高，则会增加财务的负担，一旦收入不稳定就会形成无法还本付息的风险。

总负债由自用资产负债、投资负债和消费负债三大部分组成，因此需要考虑总负债中各种负债组合的比重以及市场形势，判断自己的财务风险，并进行及时的弥补。

4. 清理可支配的财富

知道资产负债情况后，用总资产减去总负债额度就可以得到现在所拥有的净资产。

（1）如果净资产小于0，则说明目前的财务状况是资不抵债的，已经陷入了严重的财务危机。

（2）如果净资产大于0，则说明目前的资产还处于资产超过负债的状态。但是如果净资产的数字较小，则财务随时都有可能出现问题，因此需要尽快采取措施改变目前的财务状况。

5. 列出日常收支清单

日常的收入项目主要包括工资收入，投资股票、基金等金融产品获得的收入和劳务报酬以及存款的利息收入等。可以将日常的收入状况记录在表2-6中。

表2-6　每月收入状况

月份		月	月	月	月	月
项目		金额	金额	金额	金额	金额
薪资	本人工资					
	配偶工资					
	年终奖金					
	红利／奖金					
	其他收入					
利息	存款利息					
	股票股利					
	债券利息					
	其他					
其他	租金收入					
	资本利得					
	其他					
总收入						

同时也可以将你的支出状况一一列出来，记录在表2-7中。

表 2-7　每月支出状况

月份		月	月	月	月	月
项目		金额	金额	金额	金额	金额
衣	服饰					
	美容美发					
	干洗修补					
	其他					
食	餐饮费					
住	水、电、煤气费					
	电话费					
	管理费					
	日用品					
	公积金					
行	交通费					
	油费					
	停车费					
	其他					
税	所得税					
	利息税					
	发票税					
	营业税					
保险	商业保险					
	社会保险					
	其他					
休闲	旅游娱乐					
	交际费					
	其他					
子女教育	学杂费					
	补习费					
	服装费					
	其他					

续表

月份		月	月	月	月	月
项目		金额	金额	金额	金额	金额
其他	医疗费					
	客户服务费					
	其他					
总支出						

6. 清理个人现金盈余

根据上述表格，就可以计算出自己的现金盈余状况。

（1）如果现金盈余是负数或者是 0，则说明日常花费支出相对比较大，没有什么积蓄可供支配。如果任其发展，则财务可能将出现"入不敷出"的状况。

（2）如果现金盈余大于 0，则表示目前的财务处于现金结余的良好状态，可以将其好好地利用和管理。

2.1.3　清算你家的钱花在哪里

家庭支出包括吃、穿、住、行、用、医疗等生活必备支出，还包括捐赠、兴趣爱好花费等随机支出以及投资费用、保险费等理财支出。如果下面内容与 2.1.2 节中有重复的，只计算一次即可。

1. 清算固定开支

固定开支是在一定时期内金额固定不变且必须花费的支出，可当作最低生活成本，只有在扣除这部分开支之后，我们手中余下的收入才是真正可随意支配的。表 2-8 所示为普通家庭固定开支统计。

表 2-8　普通家庭固定开支统计

本月的固定支出		
项目	金额	支付日期
电费		
煤气费		
水费		
固定电话费		

续表

本月的固定支出		
项目	金额	支付日期
移动电话费		
书报费		
邮费		
房费		
互联网费		
保险		
定期存款		
长期贷款		
信用卡		
应纳税		
零用钱		
活期存款		
固定支出合计		

本月其他生活费	
项目	购入金额
食品费用合计	
日常用品合计	
教育、培训费	
其他费用合计	
生活费合计	

大家可以根据自己家庭的具体情况调整表格项目，计算出每个月固定支出的合计金额，然后将获得的合计数乘以 12，即可算出一年的固定支出总额。

2. 清算非固定开支

非固定开支是指一定时期内必须用，但使用金额并不固定的费用，如购书、聚餐等文化娱乐开支，健身、医药等医疗保健开支，购买日常衣物、零食等费用开支，这些费用可以根据家庭收入适当安排。

3. 清算阶段性开支

阶段性开支是指如换季衣服、婴儿疫苗费、子女学费以及老人赡养费等。一般情况下，一些费用并非每月都会出现，但在某一阶段却需要花费。

4. 清算随机性开支

除上述的开支外，还包括随机开支，如"人情费"、购置高档家用电器、珠宝首饰等。这种开支通常不在计划内，并非必需的费用。由于人们常根据家庭情况随意消费，不知不觉中就可能使用了过多的金钱，因此随机性开支也是理财中最需要规划的开支。

2.1.4 了解家庭财务状况是否健康

通过前面的财务清算，你的财务状况健康吗？一个处于亚健康状态的财务状况会是你迈向财务自由之路的隐患，如果不能及早发现其中的问题，那么它甚至会让你多年奋斗的成果毁于一旦。很多人都已经认识到身体健康的重要性，并养成了定期体检的习惯。同样，财务健康关系到一个人终生的幸福，为了防患于未然，也要经常做财务健康诊断。

1. 财务亚健康的症状

财务的亚健康直接关系到人们的生活和未来的发展，不容忽视，财务的亚健康具有如下四大典型"症状"。

（1）被负债压得喘不过气来。高负债比率无疑会让生活质量严重下降，更可怕的情况是，遭遇金融危机有可能使收入减少而影响还债，被加收罚息直至被银行冻结或收回抵押房产。

（2）盈余状况不佳。调查数据显示，盈余状况不佳的主要为年轻人群（20～30岁），其他年龄层次则较少出现这种状况。这种亚健康状态是隐性的，如果属于收入单一群体，则在工作稳定时不会有所影响，但是一旦发生特殊状况，收入中断，其个人和家庭就很可能会因为没有资金来源陷入瘫痪状态。

（3）不知道怎么投资。投资比例过低很难达到资产增值目的，而比例过高则容易带来过大风险。因此，必须要有清晰的理财目标和投资比例。

（4）保障与我无关。很多人的保障资金占比低于总资产的10%，他们普遍的特征是风险防范意识弱、退休后生活水平低，因此必须增加保障资金的比重。

2. 财务亚健康的人群

根据上述 4 种财务亚健康状态的分析，可以发现很多人的财务管理状态确实处于很混沌、很初始的状态，反映到现实生活中就形成了如下 5 大具有代表性的人群。

（1）传统的存钱族：赚钱存银行，认为存钱既安全又可理财，理财观念消极。

（2）可怜的穷忙族：工作繁忙，有空赚钱，没空理财，始终无法摆脱贫穷。

（3）大手大脚的月光族：每月工资消费殆尽，毫无理财意识，要么就是根本没钱可理。

（4）疯狂的好高族：把理财等同于投机，追求高回报，不顾高风险。

（5）固执的抵触族：本身获取信息渠道狭窄，又不信任银行专业理财师，缺乏理财知识和方法。

这些族群中成员的财务管理状态都在不同程度上反映出财务亚健康状态的症状，如何正确有效地治疗这些症状是他们目前亟须解决的财务管理问题。

3. 检测财务健康程度

如何判定财务已经患上了"亚健康"呢？让我们先来做一个小测试。

（1）不想评估自己目前的资产状况，或从来都没有考虑过这个问题。

（2）房产占据了你目前所拥有资产很大的比例，甚至超过了 80%。

（3）每个月的住房按揭还款占到月收入的 50% 以上。

（4）经常使用信用卡透支消费。

（5）从不会对自己目前的职业发展担心。

（6）没有购买任何偏重保障功能的保险产品。

（7）一个月的总支出占到总收入的 2/3 以上。

（8）几乎大部分的资金用于定期和活期存款。

（9）把大部分的资金集中投资在股票或股票型基金上。

如果觉得上述的情形在实际生活中似曾相识，那么你的财务很可能患上了"亚健康"。统计一下与自己情况相符的选项，如果得到的结果在 4 项以下，则财务健康状况为"轻度亚健康"；4 ~ 8 项之间，为"中度亚健康"；如果超过了 8 项，那么财务状况可能已经患上了"重度亚健康"，你的财务会不断出现隐患。

4．避免财务出现隐患

财务中隐藏的隐患如果不及时发现，则容易造成累积爆发，影响正常的生活。通过理财体检，可以有效避免财务出现亚健康，发现日常理财过程中存在的误区与隐患，使财务处于安全的状态，才能更好地应对危机。如下几种方法可以帮助你有效地避免财务出现隐患。

（1）节流为本。为了在收入减少甚至中断时能更好地应对各种危机，"节流"是十分必要的。可以通过记账来控制自己的消费欲望，减少不必要的开销。

（2）强制储蓄。强制储蓄是指必须进行的储蓄，不管发生什么情况，每月都要攒出一定数目的资金，这样可以有效积累财富，应付未来随时可能出现的变数。

（3）应急备用金。一般为以后的生活准备3～6个月的应急备用金，是比较合理的水平。如果收入来源不稳定，随时都可能发生中断，则流动性资金可适当加大，预留7～9个月的应急备用金比较合适。

（4）保险避免"财务裸奔"。如果突然发生意外，巨额医疗费用的支出或将给财务造成沉重的负担。没有保险就等于财务上的"裸奔"，任何一个人都需要足够的保险来保护自己与财富。

（5）调整结构，合理预期收益。进行投资理财前应先弄清自身的风险承受能力，可以适当进行风险偏好测试，根据测试结果明确自己的投资风格和特点，选择合适的产品和投资金额。另外，还需要树立正确的理财理念，做一个长期的投资者而不是一个短期投机者。

（6）适当开源。可以利用空闲时间静下心来好好学习，多多"充电"，为"开源"做准备。毕竟，知识是永不"缩水"的财富。

5．必须防范理财错误

"亚健康"的财务状态目前并不会对你产生多大的影响，但是这些潜在的健康隐患却是一颗颗"定时炸弹"，在财务内外部条件出现改变的情况下，这些"定时炸弹"可能对财务状况产生不小的冲击。如果你已经开始理财，那么一定要注意防范理财中的错误，以免使财务出现"亚健康"。如下就是你必须要防范的3类错误。

（1）支出错误。支出上的错误主要指没有理财规划、盲目支出、不理性消费等，会让你的生活变得很糟糕。

（2）投资错误。投资上的错误主要指没有投资战略、投资过于集中、借钱投资、频繁交易、按照内部消息和可靠人士的指点行事等。

（3）心态错误。心态上的错误主要指总认为自己没时间理财、只求稳定、没耐心、贪图速成等。理财不仅要投入一定的精力，还要有良好的心态，否则很可能失去到手的发财机会。

6. 保持个人财务独立

在通货膨胀、物价飞涨时，要想财务独立、守住辛苦赚来的钞票可真是一件看上去不太可能的事。不过，金钱像海绵中的水一样，只要肯挤总是会有的。如果你在经济上总是依赖别人，则你的财务会处于一种极其危险的境地。俗话说"靠山山倒，靠人人跑"，当你依靠的"财源"离开了你，你就会变得一无所有。因此，为了财务的安全起见，每个人都应该努力让自己的财务保持独立。

7. 如何让财务更健康

财务健康是建立安全合理的财务架构的第一步，衡量它的标准包括：收支是否平衡或有盈余，资金储备能否应付紧急需要，资产负债结构是否合理，能否满足未来可预见的开支。只有合理地安排自己的财富，谨防误入财务亚健康的陷阱，并从风险管理、子女教育、退休管理以及财富管理 4 个方面来着手规划，才能让财务更加健康。

（1）做好风险管理。如果可随时支配的流动资金不足，一旦出现重大疾病或其他变故，就面临无法预计的风险。风险管理就是找出对未来财务造成重大影响的隐患，利用风险管理工具进行有效的风险控制。而保险就是帮我们转移风险的管理工具，但是保险必须要在风险来临之前购买，当你需要时再买就已经晚了。

（2）规划子女教育。良好的教育是孩子成功人生的基础，因此为孩子准备一笔可观的教育金，也成为每个人幸福理财的重要环节。

（3）早做退休管理。未来退休生活的品质，很大程度上还取决于之前我们的准备。除了基本的社会养老保险，还可以选择投资物业，然后用于出租，获取租金收入，或者选择稳健的投资工具，定期定投一笔资金，细水长流地计量养老资金。

（4）合理管理财富。财富的管理事实上意味着规划一笔今天用不到的闲钱，在未来某一天如何使用。可以根据未来使用的目的、时间，再结合自己的风险承受力，选择不同的投资工具，进行合理的配置。

2.2 明确目标，让家庭财务状况越来越健康

俗话说："穷不扎根，富不过三代。"不管是普通人还是财务自由人士，每个人的一生都会遇到许多难题，因此都需要通过理财来解决生活中存在的困难。那么，对一个普通人来说，该如何进行理财来获取财务自由呢？

2.2.1 账户管理，各类资产清晰明了

1. 目标制定

有人说过："梦想有多大，舞台就有多大。"一个具有明确生活目标和思想目标的人，毫无疑问会比一个根本没有目标的人拥有更多的财富。对每个人来说，知道自己想要什么，并且明白自己能做什么，是向财务自由迈进的第一步。所以，理财之前，先确立人生目标。例如，买车、购房、偿付债务、退休储蓄以及教育储蓄等，这些都可以当作人生目标，需要从具体的时间、金额和对目标的描述等来定性和定量地清理人生的目标。

有人说："知道目标是成功的一半。"这句话特别适用于理财领域，因为大多数年轻人对于理财，既不清楚要做什么，也不知道要达到一个什么目标。有的人或许认为设定详细的目标是不必要和没有创造性的，还有的人则认为最容易的是"跟着别人走"，等等。其实，管理个人财务问题，没有一个周密设定的目标就像驾驶一辆不知驶向何方的汽车，永远也到达不了目的地。

普通人制定人生的理财目标可以从如下3个方面做起：

（1）学会设定个人理财目标。

（2）能够区别理财愿望与目标之间的差异。

（3）学习实现理财目标的设计工作。

2. 自我剖析

有了人生目标后，还需要了解自己处于人生的何种理财阶段。不同理财阶段的生活重心和所重视的层面都是不同的，因此理财目标也会有所差异。人生阶段大致可以分为幼儿期、少年成长期、青年单身期、家庭形成期、子女教育期、家庭成熟期和退休养老期。理财要结合自身的情况，找到适合自己的理财金钥匙，设定与人生各阶段的需求相配合的理财目标，才可以开启属于自己的财富之门。

2.2.2　目标量化，理财决策更加理性

注重理财、善于理财，就能步入财富的殿堂；不注重理财、不善于理财，即使有再高的工资、再多的收入，生活也会陷入拮据，度日艰难。既然理财如此重要，那么我们该如何制定家庭各个阶段的理财目标呢？很简单，将目标进行量化，能让理财决策更加理性。

1. 制定近期理财目标

近期目标就是在短时间内可以达到的成果，一般要贴合实际一点，不要好高骛远。例如，普通家庭的近期目标可以从如下两个方面进行考虑。

（1）足够的备用金是首要任务。所谓家庭备用金，其实就是家庭一段时期内必要的日常生活开支，包括家庭成员突然生病等应急开支，其金额通常是家庭月支出的 3 ~ 6 倍。为了保证支取方便，一般采用活期储蓄或者货币型基金的形式。家庭应急基金支取后，应及时从日常收入或者投资理财积累中补回。

（2）需要还清家中的所有贷款。如果家庭有车贷和房贷，则应首先还清车贷，因为汽车是消费品，不能带来收益，只能增加利息支出，而房产则可以视为一项投资，有升值的潜力。

2. 制定中期理财目标

由于家庭环境、财务状况、收入预期、支出规划等诸多方面的差异，每个家庭的中期理财目标与风险承受能力是不尽相同的。普通家庭的中期理财目标通常有大型消费品、旅游、父母赡养、子女教育计划以及财务安全规划等。

3. 制定长期理财目标

为了安度晚年，过上有尊严的幸福生活，年轻的时候就要注重理财，制定长

期理财目标，为养老进行财务上的储备。长期理财目标主要包括子女教育金、养老金、职业保障规划、财富积累规划等。

2.2.3　实现财务自由 6 个步骤

将目标量化之后，怎样做才能实现财务自由呢？笔者将从 6 个步骤详细分析，希望能帮助大家在进行家庭理财时更加顺利。

1. 预定风险

投资者在做投资决定之前，要想到自己希望博取多大的收益，同时也要清楚自己能够承受多大的风险。风险承受能力可分为保守型、中庸偏保守型、中庸型、中庸偏进取型以及进取型 5 种类型。投资者可根据自己的实际情况进行判断，自己属于哪一类型的投资者，做到对自己的风险承受能力心中有数。

例如，有的投资者喜欢投资高风险产品，如果没有投资股票就好像没有投资，这就是进取型的典型代表；有的投资者强调要保本，虽然也希望获取更高收益，但是如果赔本就无法接受，这就是保守型的典型代表。投资者一定要了解自己的风险偏好，之后再选择市场。

2. 学会理财

俗话说："吃不穷、穿不穷，算计不到就受穷。"怎样理财，怎样理好财，是每个人都应关心的问题。如下 4 招可以让普通人快速学会理财。

（1）预算开支

理财的根本在于有财可理，首先必须要聚集财富，因此必须做好一个强制性的开支预算，在收入的范围内计划好支出，使每月都能有所结余。

（2）强制储蓄

可以到银行开立一个零存整取的账户，每月强制性地存入一定的金额。另外，要慎用信用卡，避免透支成"负翁"。

（3）学会记账

记账是为了提升自己对金钱的控制力，也是最简单的经济学和会计学理论的实际应用，最终得益的是自己。通过记账可以节约资金，把有限的钱用在刀刃上。好的记账习惯，虽然不是致富的工具，但能培养一个健全的理财观念，对人的未来，与人的饮食习惯一样，是使其受益终身的。

（4）学会投资

可以合理地分配自己的储蓄、股票、债券、基金、保险以及不动产等各种金融产品，最大限度地获得资产的保障和增值。

3. 提升理财能力

理财能力对每一个现代人来说都是必不可少的生活技能之一，理财能力表现在多个方面，生活中需要理财能力发挥作用，工作中同样需要理财能力发挥作用，还可以使投资者在当前市场情况下抢占先机。那么，投资者该如何提升自己的理财能力呢？投资者可如从如下5个方面进行提升。

（1）加强理论学习。主动学习理财品种相关的业务知识，掌握理财品种的基本特点，厘清各项经济、金融政策与理财产品的关系。

（2）掌握市场信息。要养成主动关心时事、关心政治、关注新闻的习惯，以获取各种市场的信息动态。

（3）思考市场规律。对各类经济事件要善于进行独立的思考，要掌握一些政治、经济事件对投资产品的影响规律。

（4）积累、总结经验。要不断总结、积累投资经验，并且保持良好的心态，逐步形成自己稳健的理财风格。

（5）做好理财计划。认真做好理财计划，设定好盈利预期和止损目标，这样才能"积小胜为大赢"。

4. 锻炼能力

生活中常有这样的现象：有的人智商很高，聪明绝顶，才高八斗，有的人情商很高，左右逢源，八面玲珑，但他们时常入不敷出、捉襟见肘，不时债务缠身，经济情况紧张。即使出生于富贵家庭，任性挥霍，最终也会千金散尽。究其原因，是他们有智商或情商，但缺乏财商。

财商（Financial Quotient）是指一个人在财务方面的智力，是理财的智慧。财商与智商的不同之处在于，财商可以通过一定的学习和锻炼得到很大的提高，具备财商的人必须具有一定的财务知识、投资知识以及资产负债管理和风险管理的知识。当然提高财商也不是一件容易的事情，需要坚持不懈地学习，寻找到适合自己的方法，并进行实践投资活动。提高财商的主要方法如下：

（1）进行系统的学习

学习金融知识并一定要上大学，在家里轻松看电视，阅读书籍、报纸、杂志或上网浏览专业网站也可以补充这方面的知识，还可以向有理财知识的朋友请教，或参加一些理财方面的活动。

（2）检查财务健康程度

可将收支情况以流水账的形式按时逐笔记载，月末结算，年度总结，这样可以非常准确地检查出收支是否健康，消费有没有存在误区，能够直接提高记账人的财商。

（3）制定实践的理财规划

制定一套完善的理财规划，并积极参与投资理财的实践，在实践中提高财商比任何"模拟"的学习效果都要好。当然，在刚刚开始进行投资理财时，最好启用闲置资金，投资一些风险比较低的理财产品，或在专家的指导下投资自己能够承担得起的风险性理财产品。

5. 持之以恒

大多数的财务自由人士，他们的财富是由最初的小钱经过长时间累积起来的。因此，时间在投资理财中非常重要，耐心是理财必备的条件，只有耐心地熬过长时间的等待，创造财富的力量才会越来越大。某位投资名人说过："潮水不可能永久涨，总有退的时候。巴菲特的经验就在于他能在潮涨时耐心等待，寻找合适的价格入市。"因此，长期的耐心等待，是投资理财致富的先决条件。

很多人总是想用最少的钱获取更大的收益，赌博的心态比较强，实际上这恰恰违反了所有金融工具运作的基本原理。尤其是年轻人，有的是时间，而缺的则是耐心，所以年轻人投资最关键的两个字就是耐心。

6. 活用金钱技巧

金钱的多少往往不是最重要的，关键是要活用金钱。活用金钱就是使金钱发挥其应有的价值。下面介绍4种活用金钱的技巧。

（1）只花对的钱

每个人花钱都有目的，钱虽然已不属于自己所有，但如果能得到比它更有价值的东西，这样才算是花对的钱。

（2）少花等于多赚

如果现在的收入水平较低，则只能从支出上节约资金，这也是一种很有效的增加收入的方式。

（3）必需的开支不能省

不该花的钱尽量不要花，但必须花的钱绝不能吝啬。为了不必要的事情花钱，而在有正当用途时却拿不出钱，这才是危险的事。

（4）花钱也要看时机

要善于在经济景气时去赚钱，等到通货紧缩时则开始去投资。只要能把握大势，抓住时机，将钱投资出去，自然就能使金钱增长起来。

2.3 不同家庭，不同的理财方式

每个家庭的理财目标和理财重点各有不同，因此选择适合自己的理财方案和理财计划尤为重要。也就是说，针对不同的家庭，应该采取不同的理财方案。

2.3.1 低收入家庭的理财方式

低收入家庭很容易认为理财是一种奢侈品，他们大多认为自己收入微薄，无财可理。低收入家庭不能只是一味叹息钱少，不够花，而应该巧动心思，学会理财技巧，只要长期坚持，就能够攒下数目不小的一笔钱。

对该类家庭的理财建议如下：

（1）压缩开支，养成长期储蓄的习惯。在不影响生活的前提下减少浪费，尽量压缩购物和娱乐消费等项目的支出，并实施计划采购等保证每月能结余一部分钱。

（2）购买保险。可以每年拿出总收入的 5% ~ 10%，为家庭主要成员配置基本的商业保险。例如，为主要收入者配置定期寿险和重大疾病险；如果家里有孩子，可购买少儿医保，以防止小孩意外受伤或生病花费大量开销。

（3）留足应急备用金。平日里最好留出总收入的 10% 作为家庭备用金，以备不时之需。

（4）投资建议。不建议这类家庭投入过多资金购买股票，可以拿出投资于金融产品资金的 20% 投资股票，其余资金用于购买专门投资的"投连险－基金"中的基金。

2.3.2　中等收入家庭的理财方式

对中等收入家庭来说，他们虽然收入来源稳定，但由于总额不高，所以避免因出现意外开支而影响到正常生活的风险是必须考虑的。做一个稳健的投资者，是中等收入家庭的最好选择。

对该类家庭的理财建议如下：

（1）适度消费，多样投资。在满足基本生活支出的基础上，可以适当提高生活质量，并适当减少一些可以避免的消费支出。建议在年初时做好家庭财务计划，养成做预算及记账的习惯。另外，还需要依据个人不同情况和年龄调整投资策略，实现稳健投资策略和激进投资策略在不同时期和不同情况下的有效运用。

（2）长期投资，增值资产。可以采取定期定额的强迫投资法，有效地积累和增值财富。

（3）购买分红型保险，获取稳定收益。由于家庭资产累积较少，风险承受能力相对较差，可以考虑购买收益相对比较稳健的分红型保险产品，用于完善家庭整体财务规划。

2.3.3　高收入家庭的理财方式

高收入家庭虽然具有丰厚而且稳定的收入来源，但并不是收入多就可以完全没有原则地随意支配。相反，这类家庭如果不进行良好的理财规划，那么也极有可能会让家庭出现捉襟见肘的状态。对该类家庭的理财建议如下：

（1）设立专项基金来筹备教育金。子女教育是家庭的头等大事，必须提前做好规划。可以从每月的储蓄结余中拿出 6000 ~ 8000 元，采取定期、定额缴款的方式为孩子购买一份子女教育金保险，保险期限可延续至大学或研究生毕业为止。

（2）增加意外险和寿险。作为家庭主要收入来源和经济支柱的成员必须首先做好收入保障方面的规划，需购买重大疾病医疗保险和商业养老保险。另外，如果有孩子，则还应该适当地购买少儿意外伤害险和附加少儿医疗险。

（3）投资以稳健为主。最好的方法莫过于使用绩优开放式基金来增加收益，既可以达到存钱的目的，又可以获得比存入银行更多的投资收益。另外，长期国债也是一种非常稳妥的理财方式，可以购买 5 年期左右的记账式国债，这种国债的年收益一般在 4% 以上，而且风险非常小。

2.3.4　新婚家庭的理财方式

由于新婚夫妇大都经历过很长时间的"单身贵族"期，所以很多人对婚后生活或多或少感到有些心里没底。当恋爱中的男女步入婚姻的殿堂之后，接下来就是两个人一起过日子，理财成为夫妻双方共同的责任。

对该类家庭的理财建议如下。

（1）银行储蓄，绝不可省的第一步。储蓄是婚后家庭必须具备的理财方式，它不仅可以作为家庭生活的备用金，也是今后家庭投资理财的基点和靠山。

（2）基金定投，挖到你的第一桶金。基金定投类似于"零存整取"的银行储蓄，可以平均投资成本，降低投资风险，且收益远高于银行的"零存整取"。

（3）买好保险，保护你的家庭财务。结婚后家庭负担变重，购买保险时应考虑到整个家庭的风险，所以家庭主打险种为高额寿险和重大疾病保险。如果预算有限，则这一时期保险规划的设计原则应是以家庭收入贡献较大者为主。

（4）研究比对，选购银行理财产品。银行理财产品包括人民币与外汇两大类，对经济不宽裕的婚后家庭来说，选择银行理财产品要以"短打、稳健"为原则。

（5）分期付款，理性地使用信用卡。由于信用卡都具有消费分期付款的功能，能够提供免息和免手续费等服务，可以缓解婚后家庭消费支出的压力，尤其是大宗高额消费品，其对新婚夫妻来说是一个很好的理财工具。但是使用信用卡时一定要保持理性，不要盲目地超过偿还能力消费，否则将会成为可怜的"卡奴"，得不偿失。

如何让家庭财富得到快速积累，是新婚夫妇的必修课。因此，有了"爱情宣言书"之外，做好家庭规划，进行科学理财是一件不可忽视的重要事情。

2.3.5 再婚家庭的理财方式

再婚家庭与一般的婚姻家庭相比，有着其独特性，所以理财方式又会有所不同。有一句俗语：吃一堑，长一智。谁都不想在同一个地方跌倒两次，所以第二次婚姻会面临种种挑战。怎样直面财务上的问题，并很好地解决，是再婚家庭的重要一课。

对该类家庭的理财建议如下：

（1）婚前财产公证预防纠纷。再婚男女往往处于人生和事业的上进期，已经积累了一定的物质基础，在结婚的同时也会把自己的财产带入婚姻生活，考虑婚前财产公证也是能够得到对方理解的。

（2）妥善处理房产问题。房产问题是再婚家庭中最容易产生纠纷的源头，无论婚前财产是否曾经公证，都不要轻易往婚前房产的房产证上加对方的名字，也不要轻易将对方户口迁往婚前房产处。因为房产证上加了对方的名字，对方就可以对该房产提出权利诉求，而户口在此，对方也可以对房子提出居住权和使用权诉求。

（3）婚内财务要公开透明。双方可以就家庭财政开支问题多多沟通，互相取长补短，这样才能使现在的家庭关系更加稳固，使现在的家庭资产筹划得更和谐。

（4）对待子女要一视同仁。对于没有跟随在自己身边的孩子，双方可以根据自己的实际情况来选择支出方式。但是对于生活在同一屋檐下两个甚至多个没有血缘关系的兄弟姐妹，应该一视同仁。否则孩子们难免有意见，从而也会影响大人之间的感情。

（5）自身养老规划不容忽视。再婚夫妻必须为两个人的养老特别做一份计划，从家庭收入中提取一部分资金作为双方的养老基础金，通过一些适当的理财手段让这笔专项基金增值。同时，要考虑双方的商业保险问题，提高家庭抵御风险的能力。

（6）老人再婚先做好财产处分。年纪较大的老人再婚最好能事先对身后的财产做好处分和安排，可以采用书面约定的方式进行，也可以采用遗嘱的形式，这样比较容易获得对方以及双方子女的理解，也避免老人突然去世后再婚家庭各方为老人的遗产分割发生纠纷。

2.3.6 单亲家庭的理财方式

单亲家庭作为一个特殊群体，往往是一个人的收入要花费在几个人身上，其收入与开支如果不早点计划好，则可能会入不敷出。因此，单亲家庭的理财计划显得尤为重要，必须及早制订一个长期合理的投资理财计划。

对该类家庭的理财建议如下：

（1）建立完善的家庭财务系统。单亲家庭中的顶梁柱通常只有一个，应建立完善的家庭财务安全保障系统，及早开始储备养老金和子女教育金。可以用一部分钱做长期投资，建议每月将一部分资金用于定期定投平衡性基金和投资连结保险，作为长期教育基金或养老金的积累。

（2）通过商业保险储备养老金。作为家庭的单一经济支柱成员，必须配备较大金额的寿险作为其生命价值的保障。社保的养老金只能维持最基本的生活，而股票和基金等投资工具有较大的风险，也不适合用来储备养老金，因此通过商业保险储备一部分养老金十分有必要。

2.3.7 退休家庭的理财方式

人生进入老年，收入减少了，身体变差了，不得不面对的疾病和医疗问题增加了。退休生活的三大重点是住房、现金和医疗，必须保证金融资产有足够的流动性，意识到医疗支出会明显增加。

对该类家庭的理财建议如下：

（1）支出规划。刚退休的老人，收入较工作时有所减少，资金安排应留有余地。所有投资不可占用家庭必需生活开支、医疗费以及子女婚嫁款等。每月尽量做到略有结余，以应付将来各项支出。结余部分可考虑基金定投，长期复利效应能积少成多。再留存 1 万 ~ 2 万元的应急准备金，购买货币基金以应对家庭紧急开支。

（2）保险规划。买保险一定要通过分析来买，不只看收入，还要看支出，保险的本质是风险的转移，买多了是浪费，买少了保障性不够，得不到应有的保障。已退休的老人重新开始投保医疗险，保费过高容易倒挂。不如用少量资金投保意外险和骨折险等险种，避免因为意外造成家庭的额外开支。

（3）投资规划。绝大部分人退休后收入增长弹性不大，因此投资的首要原则是保障本金安全。同时兼顾投资收益以抵御通货膨胀，不至于造成财富缩水或实际生活水平下降。可将现有金融资产的 50% 以上，优先选择保本型、低风险型以及期限较短的产品，对剩余部分可结合自身情况进行配置。

第 3 章

财务效率：让你的钱尽可能地高效运转

　　现在理财方式和理财产品的种类非常多，并且都各有特点，作为一个理财的初学者，在理财的过程中难免存在盲区或遇到问题，导致财务效率低下。

　　本章主要从 5 个方面进行详细分析，帮助大家尽可能地使钱得到高效运转。

3.1 家庭里最大的浪费是什么

节衣缩食真的能让我们积累起财富吗？这也许对我们家庭的财务状况是有利的，但是如果我们不能理解对一个家庭来说，什么才是最大的浪费，那么所谓的省钱其实不过是形式主义的安慰。

对一个家庭来说，最大的浪费从来都不是衣食住行，而是财务浪费。那么，什么是财务浪费呢？

3.1.1 财务浪费的两个表现形式

财务浪费主要有如下两个表现形式。

1. 手上的钱没有发挥出最高的效率

记得很久以前，一个做金融衍生品的同事忽然问笔者有什么好的理财产品，她说自己有 50 多万元的活期，放了好几年了，最近发现特别亏，所以想找个理财产品投资一下。笔者果断地给她推荐了一个货币基金。不要质疑笔者只给她推荐一个货币基金，无他，这个段位的财商只能买买货币基金先适应一下。

这个同事的情况处于资金使用效率的第一个层次，即一大堆活期放在那里只有现金的概念，没有收益的概念。这种财务浪费是最惊人的，即便以货币基金的收益来计算，一年浪费的收益也有 20000 元，这并不是节衣缩食能弥补得了的。

好在随着理财观念的普及，现在绝大部分人可能不会再有这么极端的财务浪费了，再不济买个余额宝总是有点儿收益的。但是，买货币基金并不意味着没有财务浪费，财务浪费依然存在，你的资金使用效率依然是低下的。

为什么会这样？很简单，因为并不是所有的资金都需要货币基金那么高的流动性，也不是所有的资金都不能承受短期风险，对于一部分明显可以更长期限使用的资金，其实可以通过降低流动性或承担短期风险来提高收益。按照过去

10~15 年的一个保守型的基金投资组合计算，年化率 8% 是可能达到的，那么 50 多万元的收益就是 40000 元。

2. 手上的钱承受不恰当的风险

笔者有一个朋友是做生意的，生意做得不错，也赚了不少钱，他除了做生意还炒炒股、买卖期货。有一天笔者问他："如果你不做这些投资，那么你现在会有更多钱还是会有更少钱？"他皱着眉头想了好一会儿说："如果我不做这些投资，那么至少会比现在多出 500 万元的资产。"

500 万元，看看历史上的富人都是怎么破产的？甚少有胡吃海喝、挥霍无度破产的，往往破产的原因都是投资失败或赌博，相比投资上受到的损失，吃喝玩乐的那点儿花费真的是小巫见大巫。

我们真的需要去承受这么高的风险吗？

我们能够承担这么高的风险吗？

没有想清楚这两个问题，就盲目地受一颗贪婪之心驱使而从事高风险投资，其结果就是让自己的钱承受不恰当的风险，而这种风险带来的后果都是损失，这是财务浪费的第二种表现形式。

这种浪费带来的损失，很多时候远远超过第一种形式。试想，50 万元存活期，你损失的不过是 40000 元的收益，而拿这些钱去盲目地投资，10% 的损失就是 40000 元，更何况亏 10% 我们往往都不会甘心。

3.1.2 提高财务效率，让生活过得更轻松

避免财务浪费说难也难，说简单也很简单。说它简单，是因为你只需要根据自己的需要做好财务规划，让每一笔钱的用途都很明确，这样就不会出现浪费收益或承担不必要的风险的情况。

说它难，是因为人生并不是完全可以规划的，并且在财务规划中我们需要知道自己真正想要的是什么，还要清楚自己的能力范围和可能的拓展空间，这需要对自己有深入的了解，要做到这一点甚至要涉及人性。

不过，难也好，简单也罢，我们在理财这件事情上却不可以停滞不前。把现在能做的先做了，哪怕就是买个货币基金，也是在进步，不是吗？理财看上去是一门数学，其实是一门哲学，而这期间是一个进化的过程。

3.2 10万元钱存5年，怎么存利息更高

过了大寒，春节的气息慢慢临近了，大家的心似乎都在蠢蠢欲动，特别是手上有点存款的。这不，一个小姐姐就跑过来问："我有10万元体验钱，5年以后才会用。我不想做风险投资，也不想买保险，只想好好存着，5年后取出来用。请问怎么存利息最高呢？"

作为一个熟知基金、保险、外汇、黄金的银行老员工，当然不会被这么简单的问题难倒。储蓄存款是银行最基础的业务，笔者还是很有发言权的。毕竟银行的主营业务之一就是吸收存款。

其实，现在银行的存款种类很多，名称也很多，具体什么品种对应哪种特点，一般人不太容易分得清楚。所以，让我们先来厘清一下思路：为了区分不同的存款，银行首先把存款分为活期存款和定期存款。

3.2.1 存款的种类有哪些

活期存款就不用解释了，大家应该都知道，而定期存款有各种各样的期限：3个月、6个月、1年、2年、3年、5年不等。还有各种各样的存法：整存整取、存本取息、定活两便、整存零取等。

存款利率的高低与存款时间直接挂钩，存款时间越长，利率也就越高。同时，同一时间长度整存整取的利率高于零存整取、存本取息、定活两便、整存零取。如果想直接存5年，就不用选择零存整取、存本取息、定活两便、整存零取这些不适合的存款方式。

除了定期存款和活期存款，银行还提供各种形式的存款方式帮助客户储蓄，比如协定存款、通知存款等。

3.2.2 熟知活期存款的算法

活期存款随时可以取出来，利率最低，目前活期存款的利率是年化0.3%。如果对放在银行账户中的钱不进行任何处理，就是活期存款。对于活期存款，银行一般按照账户中每天的余额来计算利息，然后每个季度付息一次。

所以，当你打开你的银行账户交易明细，就会发现每年的 3 月 21 日、6 月 21 日、9 月 21 日、12 月 21 日都会收到一笔小钱，没错，这就是银行付给你的活期存款的利息。

10 万元存 5 年活期的利息并不是 10 万元 ×0.3% ×5=1500 元，而是有一个小差额。如果从 2019 年 1 月 1 日开始存入 10 万元的活期存款，那么按照当前的利率 0.3% 可以计算出，到 2024 年 1 月 1 日可以收获 1521.67 元利息（该利率会随着法定利率的调整而进行调整）。

3.2.3 熟知定期存款的算法

定期存款的利率比活期存款明显提高了，但是，这里也有一个"坑"：对于定期存款，不管你存多久，银行都是按照本金和利率计息，没有复利一说。

为了实现复利，我们可以对小于 5 年期的定期存款进行重复操作。在存款到期当日支取本金和利息之后马上重新存回，看看能不能获得高于定期存款单利计息的利息。对于两年期的定期存款，在第四年按照一年期存入，对于 3 年期的定期存款，在第三年存入 2 年期定期存款。最后计算结果如图 3-1 所示。

期限	年利率	本息	利息	备注
三个月	1.35%	106970.87	6970.87	每三个月将本息重新存一次
六个月	1.55%	108035.94	8035.94	每六个月将本息重新存一次
一年	1.75%	109061.66	9061.66	每年将本息重新存一次
二年	2.25%	111113.54	11113.54	每两年将本息重新存一次，第四年存一年期
三年	2.75%	113121.25	13121.25	三年后将本息存入两年期定期存款
五年	2.75%	113750	13750	一次性存五年，按照单利计息

• 图 3-1　定期存款计算结果

结果一目了然。一次性存入 5 年按照单利计息的利息收入，完胜隔一段时间还要人工存取的情况。这里唯一的缺陷就是，如果不足 5 年就需要使用这笔钱，那么就有点悲催了：银行会按照当期的活期存款利率计息。可问题是，这个收益率是不是太低了？ 5 年下来才 11% 的收益率，我们不禁要问：还有其他选择吗？

3.2.4　了解定期存款之外的存款

银行的一般性存款还有一种叫"大额存单"的存款。个人大额存单为人民币标准类固定利率大额存单，包括 1 个月、3 个月、6 个月、9 个月、1 年、18 个月、2 年、3 年、5 年 9 个期限。

各期限产品的购买起点金额均不低于人民币 20 万元。目前的情况是，许多产品要求起存金额 30 万元。至于利率也有优惠，比人民银行基准利率最高上浮40%。因此，投资者可根据自己的资金和可以闲置的时间进行选择。

3.3　为什么年轻人借债消费不一定是坏事

如果你借债投资，那么大家可能还会觉得你很有魄力，但如果你借债消费或者干脆成为月光族、卡奴，那么你就成为众人的教育对象。

无论是父母亲友还是各路理财专家，都会不厌其烦地向你说教借钱消费这件事的危险性，不厌其烦地告诉你，年轻人花钱不要大手大脚，要学会存钱，等等。

很久以前，笔者也对尽早理财这件事深信不疑，觉得年轻人越早开始存钱投资就越有利，年轻的时候无论是从买保险的成本上看，还是从享受复利的时间长度上看，似乎尽早存钱理财都是正确的事情。

然而，现实的情况又不得不让我们思考：既然借债消费是错误的，那么为什么借债消费在年轻人的群体中这么普遍？为什么月光族、还卡族都成为现象级的事情？为什么消费信贷增长这些年，在金融收紧的情况下仍在大幅度增长？

对于普遍现象的存在和巨大的需求增长，仅仅以"这一代年轻人没吃过苦，花钱大手大脚"似乎并不能完全解释。因为存在即是合理的。

3.3.1　合理的消费，总效用更高

经济学中有一个概念叫作效用，用来衡量消费带来的满足。如果一个人一生能够消费的总物品是不变的，那么我们如何分配这些消费品才能使得我们的消费效用最大呢？很显然，我们要把更多的消费品安排在年轻的时候。

因为 20~30 岁这个年纪，是人一生中欲望的峰值，随着时间的增加，欲望会

逐步走低，即使不走低，很多时候也是心有余而力不足。再加上边际效用递减的原则，很多东西越晚尝试和消费，其效用也会越低。

很多人说"等我有钱了我要环球旅行"，但是又有几个人能够真正地实现呢？当你真的有钱又有时间时发现自己已经老了，即使这个时候去环球旅行，你的体验也会由于身体的原因而变差。但是如果通过借贷把未来的收入挪到当下先消费呢？

从理财上来说，人的一生收入是不平均的，所以我们要通过理财的手段移峰填谷，这很合理。但是我们的消费效用在一生中也不是平均分布的，那么我们通过借贷进行消费资源的移峰填谷为什么就不合理了呢？

3.3.2 合理的消费，可以转化为投资

除了单位消费的效用会随着年纪的增长而递减，能力提升的成本也会边际递增，涉及我们一生总收入的多寡。

年轻的时候，我们的学识、社会关系、家庭、职业都处于一生中的最低点。低起点意味着一点点的投入，就可能给人生带来巨大的改变，给能力带来巨大的成长。就像考试一样，从 0 分考到 80 分容易，而最后那 20 分的提升所要付出的努力会出现指数级的增长。

所以，在年轻的时候我们的一些消费更容易变成一种投资，而这种效应在年长后将不复存在。这里面的消费不仅仅是指买书、上课之类的学习费用，定制一套高级西装也很可能提升你的气质，从而增加你进入更好公司的概率，和朋友聚会可能遇见合作伙伴甚至你人生中的贵人。

这些消费带来的投资效益，在年轻时是有效的，但是当你年纪越来越大，你的能力、人际关系、职业越来越固化，这时候你若想进一步提升，则需要付出的成本将比年轻时成倍增加。

3.3.3 越早撞南墙，越早回头

当然，你可能会说，买买衣服，出去玩一玩，这些都不用担心，问题是如果鼓励年轻人借债消费，而他们把这些钱拿去买游戏装备或者过度借债，甚至借了高利贷怎么办？过度借债甚至借高利贷当然是不对的。但是，很多道理很简单，

如果没有亲身经历一下那么也是很难有深刻领悟的。

就像在投资理财中，止损、资产配置等一系列的原则、原理都很简单，但为什么你做不到呢？成熟的投资者和新手有什么区别？最本质的区别可能并不体现在知识上而是经历上，很多事情是不撞南墙不回头的。

既然南墙早晚都要去撞，既然我们必须要犯错误，才能对投资理财有深刻的领悟，那么这个错误犯得越早越好。越早犯越早领悟，越早犯成本越低。对年轻时犯的错我们还可以用一生去弥补，但是如果人到中年才犯错，那才是最要命的。

3.4 手握 100 万元不还房贷，如何进行投资

一个分手后选择默默努力工作的男生，最后不仅工作上升了职、加了薪，还遇到了命中注定的心上人。他们在一个户外西餐厅举行了婚礼，仪式简单温馨，太太在婚礼上温柔地说，当初就喜欢他认真工作的样子。

当然，他们认识的时候，男生买的房子价格已经从两万元每平方米涨到了 4 万元每平方米，而且男生工作也很顺利。在大众的眼中，男生俨然是人生赢家：有房有车有存款，没病没负担，手里还有 100 万元存款。但这个世界讲究不进则退。100 万元真的多吗？ 100 万元在买套房要几百万上千万的一线城市，几乎连个首付都不够。

如果不好好打理，随着通货膨胀和货币贬值，再过几年，手上的钱可能就所剩无几了。不提前还房贷的 100 万元，究竟要如何投资呢？

3.4.1 一定要选择长期投资

短期投资是无法持续跑赢贷款利息的，甚至大部分人可能会亏损。对个人来说，真正能带来良好收益的只能是长期投资。

男生和太太的收入能够覆盖每个月的房贷和生活支出，因此，除了拿出 6 个月的生活成本约 10 万元，放在现金管理类的产品中方便灵活取用，剩下的 90 万元是可以用来长期投资的。投资的时间足够长，就可以承担一定的风险去博取更高的收益，以实现未来孩子教育、自己养老等目标。而足够长的时间，投资的风

险也可以被抹平。

3.4.2　长期投资一定要选择承担风险

收益的获得一定是要有所付出的，想要获得更好的收益就一定要承担风险。我们可以先拿10万元来玩一个流行的小游戏，下面有两个选择，你会选择哪一个？

（1）10万元都放在银行里，获得年化3%的收益。

（2）抛硬币，正面朝上，得到30%的投资收益；反面朝上，则需要损失10%。

如图3-2所示为不同时间长度，两种选择所带来的收益差别。抛硬币方式计算出年化收益率为8.17%，标准差为21.4%，标准差代表需要承担的风险。

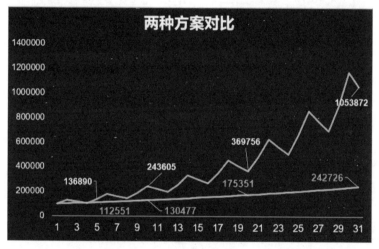

• 图 3-2　不同时间长度，两种选择所带来的收益差别

图中上面那条锯齿形的曲线表示翻硬币方式，下面那条较为平滑上升的曲线表示存银行的方式。两种方式在前5年的收益区别其实并不大，但投资时间拉长到10年时，翻硬币的方式可获得24.36万元，而存银行只有13.04万元，差距已经近乎一倍。

从图3-2中可以看出，时间越长，差距越大，当时间拉长到30年时，翻硬币的投资方式得到的收益是直接存入银行的5倍。因此，投资至少5年以上，选择承担一定的风险，是可以获得比较好的投资收益的。当然，投资中途不能随便停止是关键。

3.4.3　投资风险资产一定要进行资产配置

一般来说，收益越高的产品，风险也越高，但通过合理的资产配置可以在获得更高收益的同时降低风险。资产配置这个词屡见不鲜，但真有那么神奇吗？还是刚刚那个小游戏，这里稍稍做一下改动：

10 万元分成两份，每份各 5 万元，还是来抛硬币，赢了获得 30% 的收益，输了亏损 10%。原来是 10 万元抛一次，现在是将 10 万元分成均等的 2 份，抛两次。

结果会怎样呢？如图 3-3 所示，收益率提高到了 9.14%，而代表风险的标准差降到了 13.9%。

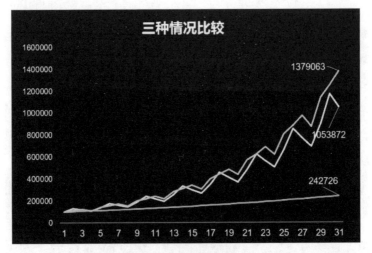

• 图 3-3　进行资产配置所带来的收益差别

将做了资产配置的曲线和没做资产配置的曲线进行对比，你会发现，做了资产配置后，时间越长，收益率越高，并且波动会更小。当然你可能觉得这只是一个游戏，真实的市场情况下会相去甚远。然而事实上，在市场中，资产配置这种提升收益同时降低风险的情况依然成立。

过去十年如果你把 100 万元资金百分之百拿去投资股市，那么你可以获得 9.79% 的年化收益，虽然可以跑赢贷款利率，但是这个投资的标准差高达66.48%。如果过去十年资金的 50% 用于买股票，50% 用于买债券，那么你可以获得 11.79% 的年化收益，而标准差只有 33.89%。

一个简单的资产配置后，收益更高，风险更低了。最后，再和大家分析一个笔者测算的过去十年不同比例的股债配置下的收益和风险情况，如图 3-4 所示。

各不同比例的收益率、标准差情况测试

股票比例	债券比例	收益率	标准差	单位收益率承担的风险
100.00%	0.00%	9.79%	66.48%	6.79
90.00%	10.00%	10.91%	59.94%	5.49
80.00%	20.00%	11.60%	53.41%	4.60
70.00%	30.00%	11.95%	46.89%	3.92
60.00%	40.00%	12.00%	40.38%	3.37
50.00%	50.00%	11.76%	33.89%	2.88
40.00%	60.00%	11.27%	27.43%	2.43
30.00%	70.00%	10.50%	21.04%	2.00
20.00%	80.00%	9.46%	14.79%	1.56
10.00%	90.00%	8.13%	9.01%	1.11
0.00%	100.00%	6.48%	5.45%	0.84

• 图 3-4　过去十年不同比例的股债配置下的收益和风险情况

3.4.4　长期投资的 3 个策略

长期投资的投资策略大致可以分为 3 种，即买入并持有、恒定比例法以及资产保险策略。

1. 买入并持有

买入并持有策略，是指按确定的恰当资产配置比例构造某个投资组合后，在较长时间内不改变资产配置状态，保持这种组合的投资方式。

优点：交易成本和管理费用低，比较省心，买入后不用变换交易策略。

缺点：如果市场环境变动，比如买入后一直下跌，对投资者的心态其实是极具考验的。买入和卖出的时机都很难把握。很多投资者在买入后，下跌 20% 会如坐针毡，下跌 30% 开始怀疑人生，下跌 50% 时可能就已经绝望了。

在实际的投资中，投资者往往等不到反弹，就开始怀疑策略本身。因此这个策略对人性是具有极大考验的。

2. 恒定比例法

恒定比例法策略，是指选择好相关性低的不同投资品种，按照恒定的比例分散配置进行长期投资，每年调整一次使资产的比例恢复到初始比例的一种策略。

比如在股票、债券、商品、贵金属、股指、金融衍生品等所有的投资品种中，选择出股票、债券和黄金，分别按照 50%、40% 和 10% 的比例进行配置投资。

恒定比例法是比较省心的一种投资法，不用考虑时点的因素，因为策略本身会根据市场的变动，自动地卖出和买入，不用人为去判断。在长期投资中，选择股票、债券和黄金这 3 大类进行投资，并适时调整即可。黄金在长期过程中起到避险作用。

3. 资产保险策略

这种策略稍微复杂一些。简单来说，是在承受有限风险的底线上，获取一定收益的策略。也就是说，资产保险策略是为了使下跌的风险变小，放弃了更高收益的可能性，将收益率波动范围缩窄的一种投资策略。比如，将 4% 的固定收益转化为最低 1%、最高 1%+50% 黄金涨幅的一种投资策略。

3.5 货币市场基金，安全高效的活期资金管理工具

自 2019 年以来，随着货币基金收益的持续下滑，历史上第一大基金——余额宝的收益都已经跌到了 2.2%。于是很多喜欢精打细算的小伙伴问笔者：现在应该如何选择货币基金，才能多收点利息？

这涉及如何选择一只货币市场基金的问题，那么如何选择一只货币市场基金呢？货币基金是所有基金种类中最简单的一个，所以这个问题并不难，大家掌握好如下 3 个关键点即可。

3.5.1 货币市场基金的作用是什么

我们购买货币市场基金的目的是管理现金，这个目的决定了选择货币市场基金的优先目标是产品的流动性，也就是变现能力，在保障流动性的前提下顺便获

得更好的收益。

因此，选择货币基金的第一个标准就是基金的流动性。货币基金的流动性和两个因素有关，一个是日常的，即基金的赎回速度；另一个是特殊时期的，即机构投资者占比。

先说日常的，以前很多货币基金赎回都可以即时到账，但是现在监管部门为了防范流动性风险，对即时到账做了限额，一天最多 1 万元，超出的部分只能次日到账或 T+2 日到账。

这里面差别并不大，T+2 赎回到账的基金是少数，投资者在买的时候注意看一下就行了。在这一点上，大家要注意的是，如果你每天的流动性要求高，远超过 1 万元，那么最好选择银行发行的货币基金类的现金管理理财产品，它不受 1 万元限额影响，即时到账的赎回规模一般不受限制。

再说特殊时期的流动性问题，它主要和货币基金中机构投资者占比有关。所谓特殊时期是指利率出现大幅波动，或发生金融危机等事件造成货币基金遭遇挤兑的情况，机构占比高的货币基金很容易触发巨额赎回，从而使货币基金的赎回关闭。所以，我们在选择货币基金的时候应尽量避免那些机构投资者占比高的基金，一般对机构占比为 30% 以上的货币基金就可以回避。

这个条件也可以苛刻一点，毕竟市面上那么多基金，不买这家可以买别家的。

3.5.2 货币市场基金的盈利依靠什么

货币市场基金的收益是怎么来的？说穿了就是一句话：集中力量办大事。之所以会有货币市场基金，主要是因为受管制的存款利率与货币市场利率之间存在较大差异。货币市场不是随便一般散户能够参与的，于是金融市场发明了货币市场基金，把大家的钱集中起来，去参与货币市场或与银行谈判以获得更高的存款利率。

所以，货币市场基金收益的高低，首先就与货币市场基金的规模有关。这个规模太小，银行不重视，就不会有好的收益，但是如果规模太大，市场控制不住，那么收益也不会高，像余额宝那种上万亿元的货币基金收益是不太好的，如图 3-5 所示为余额宝最近一年的收益率，比同类货币基金差了不少。

	基金	同类
万份基金收益均值	0.6587	3.1016
七日年化收益率均值	2.4451	2.6549

● 图 3-5　余额宝最近一年的收益率

因此，我们选择货币基金时要选择规模适中的，小了不好，大了也不行，50亿 ~ 100 亿元是比较合适的。对货币市场基金的收益有影响的除规模外，就是货币市场基金投资了什么。

对于一般的货币市场基金，大家的投资组合都不会差太多，监管条件摆在那里，但是银行的现金管理产品比货币基金的理财产品投资范围宽松很多，再加上银行本身具有的资产实力，银行的现金管理产品收益还是比较容易好于货币基金。比如现在大部分货币基金 7 天年化为 2%~3%，而一些银行的同类产品还能做到 3% 以上。

3.5.3　货币市场基金有风险吗

货币市场基金风险比较低，一般情况下不会出现亏本的情况，但是天有不测风云，这种平时不出风险的投资品种，一旦出现风险往往都是比较惨烈的。2008年金融危机期间，美国就有一些货币基金直接崩盘，最后美联储出手救助才幸免于难。

在国内，我们的货币基金除了金融危机冲击的风险，可能还要额外地关注一下信用风险的问题。由于我国的信用评级的原因，AAA 这种高信用评级资产很多，一旦有所变动，一些没底的 AAA 资产就暴露了，此前的包商银行事件就险而又险。

所以，我们在选择货币基金时还是要留个心眼，看看此基金重要投资都有哪些，如果货币基金经常买些小银行的 CD（银行存款凭证）那么就回避吧，毕竟大家挣的都是血汗钱。选择金融产品，宁可错杀一千，也不随便放过一个才是正确的态度。

货币基金挑来挑去其实也不过就是 0.2%~0.5% 的问题，1 万元一年的收益差异也就几十元，看上去有些鸡毛蒜皮不起眼，但好的理财习惯就是从这些鸡毛蒜皮开始养成的。没有小钱的精打细算，往往也不会对大钱谨慎理性，细节决定成败，这句话放在理财这件事上也是有道理的。

第4章

信用管理，用好管好信用卡

随着人们对便利生活的追求，信用卡的使用也越来越便利化，网上银行、手机银行等电子银行的出现为人们办理信用卡业务提供了更多的便利条件。

即便如此，用户还是需要知道一些移动端信用卡管理的手段，让信用卡变得更有价值。

4.1 申请足够多的信用卡和额度

关于信用卡，不少人持有疑惑和不解的态度：到底要不要开，能不能依赖信用卡来消费，用负债来维持生活是不是会让自己变成"卡奴"。

有时候，能考虑上述问题也算是"幸福的烦恼"，因为还有很多人无论怎么申请都无法拿到信用卡，或者拿到信用卡的额度很低，几乎无法体现信用卡应有的功能。那么到底应该如何看待信用卡，以及如何申请信用卡呢？

对大部分人而言，应有且只有两张信用卡：第一张用于实现延迟支付；第二张用于获取信用储备。

4.1.1 第一张：巧用延迟支付创造折扣

信用卡的积分现金折扣、银行联合商家活动是最显而易见的折扣，但这些折扣不同的银行，不同时间也会有不同的主题活动，并不会成为"一定要开信用卡"的原因，真正的原因——延迟支付。

目前能够申请的信用卡都有免息还款期，是指消费当天到第一期还款日的时间，通常最短是 20 天，最长一般是 51 天。

如果你的账单日是每月 7 日，还款日是每月 27 日，那么宣传资料会说免息还款期 20 日起，因为你在每月 7 日当天刷卡消费，肯定会出现在当月的账单之中，而当月的账单是 27 日就要还款，如果 27 日进行全额还款，那么只需按照消费金额还款即可，并不需要支付利息。

如果你 7 日消费了 1 万元，用借记卡或者现金支付，你的存款就会直接少 1 万元，但如果你刷的是信用卡，你的存款并没有减少。如果你存入余额宝之类的产品获得了 3% 的年化收益率，这笔 1 万元的存款在还掉信用卡之前，可以取得利息收益：1 万元 ×3%×20 天 ÷365 天 ≈ 16.44 元。

相当于储蓄机构请你吃了个盒饭，如果直接支付账上的余额，则相当于少吃一个盒饭。这就是延迟支付创造的折扣。

银行在吸引客户办银行信用卡时一般会用最长免息还款期作为卖点，就是指账单日的第二天到还款日的天数，还是上面的例子，在 1 月、3 月、5 月、7 月、8 月、10 月、12 月这些有 31 天的月份，当月 8 日至下个月 27 日共有天数，即 31 - 7+27=51 天。

一般情况下由于 2 月份天数最少，为 28 天，很少银行会将还款日放到每个月 29 日及以后，而大部分银行有手工对账的历史，每个月总要留有足够的时间确认"坏账率"等参数，所以 27 日为最后还款日已经是极限的日期。如果账单日提前至 1 日，则最多可以获得 27 天至 57 天的免息还款期。

如果每个月的信用卡消费比较稳定，那么除了第一期的延期支付能够享受到"信用理财"的好处，其他时间均是持续递延而已，此时持续使用信用卡消费的目标就简单了——赚积分，这是借记卡和现金消费没有的折扣。而如果想让上面的"盒饭"变成大餐，就需要在大额支出时也使用信用卡，此时首先需要一张大额度信用卡。

4.1.2　第二张：抓准时机申办高额度信用卡形成储备

正常情况下谈及家庭的风险储备我们可能想到的是各种保险，或者黄金、名表等价值比较稳定、变现相对容易的工具。但是无论对任何普通人士来说，大额度信用卡都是一种储备，必要的时候可以成为一种能解燃眉之急的支付手段。

那么问题来了，如何申办高额度信用卡？一般情况下，银行对个人的授信评估系统是半自动化系统，只需将申请表中的信息填入系统，在经授权的情况下到征信系统查询获得征信报告后，系统就会生成一个额度。按照一般的工作流程就会按照这个额度制作信用卡配送。

然而，因为银行在实际开展营销时会有完成任务的压力，征信系统的信息也会存在延迟，所以想开大额卡还是有一些技巧的。

首先，要在有钱、有工作的时候申请。这是最简单、合规的可以申请到大额度信用卡的方法，国内四大银行一般需要在该行的金融资产达到一定规模并持续一段时间后才能开出大额度信用卡，例如 50 万元存 3 个月。

如果单纯靠工资存款来达到这个条件则需要很长时间，但是每个人一辈子总有那么一段时间账上会有很多钱，例如买房之前，个人账户集中了长辈、兄弟、姐妹、朋友的资金用于首付，此时就可以去银行网点问问客户经理"怎么办高端信用卡"。

在国企工作的小伙伴，随着工作的升迁别忘了及时申请新的信用卡，一般情况下只有新申请信用卡才能凭工作获得高额度信用卡，卡一旦办下来后要提额就只能靠增加金融资产和消费。如果你计划离职，那么一定记着先把信用卡申请下来。因为你并不能确定新的工作是否还能在信用评估中得到高分。

然后，选择一家灵活性大的银行。中国银行的信用卡最高额度是 5 万元，申请超过 5 万元的额度需要的条件会大幅增加，属于灵活性比较弱的银行。一般情况下中信银行等股份制银行的额度审批会比较灵活，特别是银行在进行业务推广时，起点几乎都是 5 万元以上。

4.1.3　申办信用卡注意事项

申办信用卡有 3 个注意事项，即不要找中介，不要用非银行 App 申请，仔细查看年费条款。下面进行详细分析：

1. 不找中介

这类服务中介不是银行工作人员，通常会根据额度收取 5%~10% 的手续费。对银行网点而言，这类服务中介是获客的渠道之一，银行网点是不能自己投放广告的，总行投放的广告对具体某个网点的作用很小，所以银行网点可能会和一些中介合作以寻找客户。

对个人而言，很难全面了解全部银行的全部产品，也就很难做到选择出"最合适"的产品和条件，所以在办理经营性贷款这类比较复杂的业务时，寻求中介的帮助是不错的选择。因为经营性贷款的金额一般比较大，所以中介的费用一般为 1%~3% 就够了。

信用卡额度并不是这些服务中介可以左右的，也不是银行网点业务人员可以控制的，审批权限都在各银行省分行以上的机构，所以申办信用卡的人员也就没有必要去承担这些费用。哪怕是征信存在逾期记录，银行审批是否考虑该条记录，也是由银行的业务政策指导决定的，根本不需要这种中介去做所谓的"沟通"。

2. 不用非银行 App 申请

这一点可能比不要找中介还重要。只有银行可以发行信用卡，虽然有的银行可能会和一些大企业发行联名卡，并通过企业的营销渠道来收集申办卡表，但是所有的信用卡都要经过银行后台，所以，所有卡都能在银行的申办目录中找到，也就不需要在其他渠道办理，银行的 App 就可以办理。

最关键的是，哪怕你是苹果用户，也无法保证自己的信息不被 App 滥用。银行的牌子有严格监管而且资本条件非常高，银行是自己就能充分利用用户信息的主体，因此并没有主动泄露用户信息的冲动。

一个 App 的投资最低不过几千元，这些公司并没有相关的职业道德规范和约束，只要能获取就会获取，只要能卖就会卖，而信用卡申办信息是少有的全面涉及个人和家庭财务、工作状况的隐私，非必须没有必要对外泄露。

3. 申办时仔细查看年费条款

对免年费的条件一定要仔细并记住，首年一般是直接免年费的，次年开始要达到一定条件才能减免年费，通常有 3 种：消费额满免年费、消费次数满免年费和积分兑换免年费。

一般情况下，消费次数满免年费是最容易满足的，积分兑换免年费是最麻烦的。除了免年费的条件，年费本身也值得注意，高端卡的年费可能超过 8800 元人民币 / 年（约 1000 美元 / 年），这些年费对应的是信用卡背后能提供的额外服务，例如机场贵宾厅、出行意外险、酒店健身房等。

4.2 安全用卡：激活三部曲

信用卡在办理成功后，还需要激活才能正常使用，那么在激活的过程中，有一些事项是需要我们注意的。在使用的过程中也会难免存在一些安全隐患，下面将从 3 个方面进行详细分析。

4.2.1 激活的安全通道：银行 App 和热线

信用卡激活的安全通道：银行 App 和热线。拿到信用卡后，会有激活的过程，而这个过程会设置与消费相关的密码，也需要确认卡片和个人信息，所以一定要用安全可靠的通道：银行的 App 和印刷在卡片上的银行信用卡热线。

现在有的非 App 会标榜自己可以做到申办、激活、管理一条龙服务，主打的痛点就是"忘记还款"。殊不知用户如果用了这些 App 则很有可能让自己的个人隐私产生不必要的泄露风险。

4.2.2　信用卡的两种密码：消费密码和查询密码

信用卡的两种密码，即消费密码和查询密码。信用卡除了要设置消费密码还要设置查询密码。

消费密码是用户在消费时进行身份确认的密码。曾经有一段时间市面误传信用卡不应该凭密码消费，应该选择凭签名消费，原因是凭密码消费，盗刷银行不赔。这是错误信息，只要能举证是盗刷，银行就会赔付，只不过有的案情复杂，银行也不是专业办案机构，会要求取得警方的意见（至少有报案回执）。

境外有的场景是必须使用消费密码消费的（例如西班牙的大部分 POS 机），如果一开始就没有设置消费密码，那么在这些场景中是无法使用信用卡的，所以信用卡还是要设置消费密码。

除了消费密码，信用卡还会要求设置查询密码，通常的场景是通过电话查询 / 更改个人信息、查询账单时用作身份确认。查询密码的安全级别应该高于消费密码，一般情况下应该设置不一样的密码，并且在其他场景中也不会使用的密码。

4.2.3　用卡前第一件事：关闭小额免密

小额免密是中国银联强行要求银行为客户开通的功能，目的是减少终端用户持卡消费时输入密码的次数，让刷卡像刷公交卡一样方便。问题在于现实中卡片的随身性不如手机，手机可以实现机不离手，但是至今银行也没有找到能让用户卡不离手的方式，所以哪怕现在芯片卡的加密技术已经让复制卡消失，仍然无法预防银行卡遗失的情况。

手机现在已经有诸如密码、指纹、面容等方式来校验主人是否在设备身边，支付服务机构还会通过消费习惯、消费定位等方式确认支付的合法性，所以手机通过二维码等一次性鉴权方式递交支付指令的安全性有目共睹。但是中国银联框架下的卡片设计并没有提供上述鉴权设备和机制，密码就成为安全设计的关键，此时为了推广而强制要求卡片终端用户开通的小额免密就成为诱导罪恶的关键。

虽然银行和银联均声称通过"风险全额赔付"保障机制，以弥补因小额免密盗刷而产生的损失，但是所有银行的赔付申请均需要当事人在取得报警回执的情况下到发卡网点签署相关文件，如果发卡网点在外地，则发生的差旅费、误工费均不会得到补偿。所以，用户在拿到银行卡的第一时间，一定要寻求银行官方帮助关闭"小额免密"功能。

4.3 银行 App 管理信用卡，最省钱

市面上有不少的 App 声称可以代为管理信用卡，其目的均是掌握用户的使用习惯，通过信息广告展示、网贷引导等方式实现其他收益。做 App 为了赚钱本无可厚非，但是在微信支付、支付宝这些真正常用的 App 已经能满足用户需求的时候，已经没有必要使用其他不知名的第三方 App。

当微信和支付宝都已经开始收取信用卡还款手续费时，不少银行又争相利用央行主导下的超级网银功能在 App 中提供免费还款功能。所以用银行 App 管理信用卡最省钱。

4.3.1　用手机随时管理账单情况

在银行 App 中都有消费提醒功能，这是保证消费支付安全的重要一环。

当用户收到不属于自己的消费信息时马上通过银行热线止付、报警、收集证据，可以争取到最多的保障。除此之外，银行 App 随时查看余额（可用额度）、实时账单金额的功能，是连微信、支付宝都无法通过自有体系提供的功能（只能嫁接公众号、小程序提供）。

4.3.2　免费的跨行还款方式

支付渠道的信用卡还款功能通常是通过代理转账汇款的方式完成的，因此一般情况下涉及跨行转账汇款，会产生相关手续费。在微信支付、支付宝进行推广时，

很长一段时间是采用补贴的方式实现对用户免费，这种做法随着推广工作逐渐进入尾声而被取消。现在通过支付宝、微信支付还信用卡，无论还款来源是同一家银行、跨行还是余额宝，都需要支付手续费，或者使用一些积分兑换免手续费的额度。

在银行 App 中，如果是同行还款自然不需要手续费，跨行则由于该功能是银行正在推广的超级网银功能，因此现在也不收取手续费。以招商银行为例，只需要点击「还款」功能，就可以在付款方式中看到"跨行还款免手续费"的提示，此时添加一张其他银行的借记卡就可以实现免费的跨行还款方式。

别掉坑！最容易忽略的信用卡陷阱

对 90 后、00 后而言，分期消费已经不是什么新鲜事了，通过计入分期手续费再在未来一段时间慢慢还，提前支取的消费模式让年轻人可以轻松支付起手机、电脑、旅游、奢侈品、服饰等消费。

问题是信用卡的"分期手续费"和实际利息有着天壤之别，用户在决策时并不能只看银行提供的手续费率就决定要用信用卡分期付来消费。

4.4.1　信用卡分期付的利率陷阱

记住一件事，银行是靠贷款赚取利息的，所以银行都希望客户贷款。但是在银行发出信用卡给用户之前，并不能假设用户的消费都需要分期。不管实际情况直接向客户营销分期是很不合理的。

因为在借记卡中，用户是先有了存款再消费，很难据此推算客户的用款需求。但是信用卡就不一样了，几乎所有用户都是直接透支消费，如果想免息就必须在账单还款日当天或之前直接还上，而到期之前银行都有理由尝试向透支消费的客户营销分期付款。

典型的分期付款术语包括：免息转为分期付款、每月手续费最低仅 ×%。如图 4-1 所示为一条典型的银行分期付款营销短信。

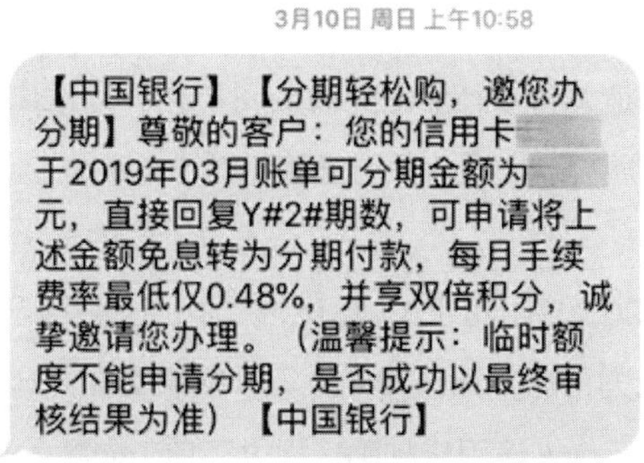

3月10日 周日 上午10:58

【中国银行】【分期轻松购，邀您办分期】尊敬的客户：您的信用卡▩▩▩▩于2019年03月账单可分期金额为▩▩▩元，直接回复Y#2#期数，可申请将上述金额免息转为分期付款，每月手续费率最低仅0.48%，并享双倍积分，诚挚邀请您办理。（温馨提示：临时额度不能申请分期，是否成功以最终审核结果为准）【中国银行】

• 图 4-1　银行分期付款营销短信

在这条短信中银行想说的就是一件事：分期很划算。这两句话其实都引自一个"坑"：分期付年化利率很高。

假设你向银行借了 12000 元，一年后银行要你还 12600 元，那么多出来的 600 元就是利息，这一年的利率即 600÷12000=5%。如果借款计划是半年，还是借 12000 元还 12600 元，那么借款的年化利率就是 10%，因为银行可以收回借款后再贷出来，全年共收到 1200 元利息。

我们再来研究银行营销的两条术语：

"免息转为分期付款"表明银行现在收的并不是利息，银行真正的意思是为后续带百分符号"%"的部分提供前置条件，因为一般情况下带"%"的数字就是年化利息率，但如果说明了不是利息，就不受约束了。

以图 4-1 为例，"每月手续费率最低仅 0.48%"，意思是一笔 12000 元的贷款分期付款，延迟一个月还，那么手续费就是 12000×0.48%×1=57.6 元。年化是 57.6×12÷12000=5.76%，确实是很低的利率。

如果打算分 12 期还，则手续费为 12000×0.48%×12=691.2 元。关键在于，此时你每个月还是要还（12000+691.2）÷12=1057.6 元。其中，57.6 元为当月利息，而 1000 元为本金，所以还款一个月以后，第二期账单开始你的贷款余额只有 11000 元，但是第二期账单需要还的金额还是 1057.6 元，其中，57.6 元还是当月利息。所以第二期账单的实际年化利率为 57.6÷11000×12 ≈ 6.28%。

最后一期的贷款余额是 1000 元，57.6 元还是当月利息，当期的年化利率是 57.6÷1000×12=69.12%。整体的年化利率是 5.76% 的两倍，即 11.52%，分期期数越长，计算实际年化利率的时候增加越多。

4.4.2 信用贷款是一把双刃剑

个人信用贷款是近几年银行和第三方支付机构大力推广的业务，能让个人在不提供房产、车等抵押物的情况下获得一笔相对大额的资金，具有办理方式简便、到账快等特点。

还有人这么说，90 后拿出手机点几下，只需 1 分钟钱就到账了，确实很方便。加上互联网广告的大力推广，让年轻人觉得"钱来得如此容易"。而对于生意、凑买房首付这些需求，个人信用贷款确实提供了免于向熟人开口的资金途径。

问题是，钱来得太容易确实会让人身陷其中。举债相当于提高了个人财务的杠杆率，但是和企业的财务杠杆率不同，企业举债提高杠杆率，是因为企业通过进行会计记账和分析，能够精确计算企业主营业务的毛利率、资金成本、财务费用等参数，能够根据股东要求的目标净利率来计算出对应的杠杠率，是一个可以求出解的决策过程。但是个人提高杠杆率用于改善生活，所得到的好处要转换为现金流才能还上后续的账款，从生活改善到收入提高之间并没有必然的联系，因此就不是一个可以求出解的决策过程。

当你算计着后面的工资可以覆盖每个月的月供的时候，是不是从不考虑被辞退的风险？银行有更多数据支持难道不知道这一点吗？银行当然知道了，所以所有信用贷款的还款计划和信用卡分期付款都有一样的特征：实际年化利率大大高于标称的手续费率或利率。对银行而言，只要利率溢价高于坏账率即可，但是对个人而言，一次征信污点就可能让自己和最爱的人永远无法通过在合理的时候提高杠杆率"上车"——按揭买房（等投资）。

4.5 盯紧征信，避免产生信用污点

如果不是人民银行上线了征信系统，那么体制外的小伙伴估计没有任何可能性开信用卡、办信用贷款。银行控制风险的方法很简单：了解客户。

征信系统成为银行的 X 光机：专看客户能不能还上款。所以每个想保持向银行借贷能力的个人都应该主动维护好征信系统的记录，避免出现征信污点。

4.5.1　网上唯一渠道：中国人民银行征信中心

无论市场如何进化，通过非现场手段查询征信的唯一渠道都是：中国人民银行征信中心。网址是 http://www.pbccrc.org.cn/。绝对不会存在任何其他第三方 App 或网站可以查询征信，那些声称可以查询征信的第三方 App 是为了获取用户在征信系统中的隐私而设置的陷阱。

征信信息涉及客户隐私，掌握该信息的部门自然很重视信息安全问题，所以，合规的银行都会觉得这些信息在获取时，手续非常烦琐，而且一旦系统探测到有批量获取的可能，就会要求银行逐笔提供客户的授权文件，自然银行就不会通过爬虫程序频繁获取不相干的客户信息。而银行查询客户的征信也是为了最终能促成客户办理信贷业务——银行主要收入来源，自然银行也不想自己掌握的客户信息泄露。

因为银行还需要对客户开展进一步的调查，以及对征信信息进行进一步加工，所以银行也不会向客户展示银行从征信系统中查询到的报告。

在你与银行签署《授权书》的场景中，你也不需要银行告知你系统中的信息，只需要知道银行是否给你提供贷款。因此，授权银行查询征信系统是安全的。

市面上出现了很多非金融机构的 App 和网站，都会诱导用户授权查询征信，不管这些地方如何声称自己和银行合作多么紧密，用户都不应该授权其查询自己的征信，原因有如下 3 点：

（1）自行到官网（http://www.pbccrc.org.cn/）在线查询非常方便。

（2）自行到当地人民银行征信中心查询也很方便。

（3）非金融机构获取征信信息都有泄露的风险。

4.5.2　体验国家级系统的身份验证关键

对于个人征信信息可以确信如下两点。

（1）具有很高商业价值的信息。

（2）是重要的敏感信息。

有第一点就一定会有人想方设法获取这部分信息牟利，有第二点就会使个人的征信信息泄露，对个人产生很大的影响。因此中国人民银行征信中心的个人信用信息服务平台在建设之初就做了大量的安全设计，用于确保只有真实的个人自己可以查询到自己的征信信息。

线下采用了严格的身份核验，需要本人带身份证到征信中心或者授权的银行网点在专用的智能设备上查询。线上则依托于银行卡的线上支付授权来确认查询是经本人授意，查询过程可以作为高等级身份验证的标准，会用到如下信息：

（1）个人姓名和身份证号。

（2）银行卡卡号。

（3）开户行留存的手机号及即时发送至手机上的验证码（数字＋英文）。

（4）银行卡的安全码、有效期等支付授权信息。

任何时候，都只要求提供上述多项或一项信息。

4.5.3 特别提醒：不要经常查询自己的征信

人民银行的征信中心线下查询点，为每人提供一年3次的免费查询及报告打印的服务，需要打印更多则会收取一定的费用，在线查询不收费也不设查询次数的限制。

每一次查询，无论是本人还是机构去查询，都会记录在征信报告中，下一次查询就会显示出一条查询记录。

如果查询次数过多，机构在进行贷款或信用卡审核的时候，就会考虑是否存在一定恶意骗贷或者以卡养卡的嫌疑，对于信贷政策较紧的银行可能会直接否定在审批中的事项，而下一家银行哪怕本来可以通过审批，也有可能因考虑到其他同行的决策而拒绝。

4.5.4 不授权非正规金融机构的 App 查询征信

前文提到了征信信息是需要严格保密的个人信息，不应该泄露，征信中心已经做了很多工作以杜绝信息从征信中心泄露的可能性。例如严格的身份校验，所有报告只保留一周（收到短信后一周不去查收和下载，就要重新发起查询）。

因为其中的潜在利益实在太大，不少 App 和网贷渠道都会想方设法用各种方式说服用户授权查询。用户如果真的决定了要使用网贷获取资金，那么授权贷款机构查询征信是必需的，让人恼火的是很多广告和 App 都不是建立在真实金融需求的基础上查询的，而是营造出一种"查着好玩儿"的气氛让用户授权，然后保存客户的资料再寻机做进一步营销或用于其他商业价值。

征信可不是"查着好玩"的！用户如果真的只是想了解自己的征信情况，那么还是只能去唯一的官网，并且不要频繁查询，切记，切记。

第5章

证券投资：让每一笔投资都明明白白

证券投资一直以来就是高风险与高回报并存的。虽说股票存在较高风险，但是其高额利润依然让理财爱好者投入其中，但真正能在股市中赚钱技巧的人还是少数。投资理财者只要掌握了充足的技巧和知识，就一样可以成为在股市中能赚到钱的人。

5.1 了解股票基本知识，不打无准备之仗

一直以来，股票都是人们投资的热点，从股票诞生到现在的数百年间，无数的投资者在股票市场收获了财富，也有无数的投资者在这里一败涂地，血本无归。虽然股票市场十分残酷，但是仍旧有很多人投身股市，集高风险与高收益于一身的股票，究竟拥有哪些独特的魅力呢？下面笔者就带大家了解股票的相关知识。

5.1.1 什么是股票

什么是股票？股票是股份证书的简称，是股份公司发给股东作为已投资入股的证书与索取股息的凭证，每股股票都代表股东对企业拥有一个基本单位的所有权。

同一类别的每一份股票所代表的公司所有权是相等的。每个股东所拥有的公司所有权份额的大小，取决于其持有的股票数量占公司总股本的比重。当持有股份达到 30% 时，持股可以称为控股，如果是最大股东则还可以称为相对控股。当持有股份超过 50% 时，持股可以称为绝对控股。作为一种虚拟资本，股票具有权责性、无期性、流通性、风险性、法定性等。

5.1.2 股票的类型

股票是公司签发的证明股东所持股份的凭证，根据不同的情况，可以对股票进行分类，如图 5-1 所示。

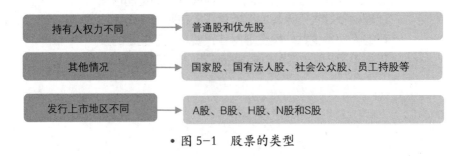

● 图 5-1　股票的类型

5.1.3　股票的买卖方法

股票的交易程序一般包括如下几个环节：开户、委托、竞价成交、清算交割、过户等步骤。不过根据不同的股票种类，其交易程序又各有不同。下面笔者以 A 股为例，介绍股票的交易流程。

投资者想要进入股市必须先开立股票账户，股票账户是投资者进入市场的通行证，只有拥有它，才能进场买卖证券。股票账户在深圳又叫股东代码卡。A 股买卖的流程：开设资金账户—客户填写委托单—证券商受理委托—撮合成交—清算交割—过户。

5.2 股票跌势连绵不绝，为什么还要投资

最近有人问笔者："为什么你看空股市还建议我们要配置股票？"确实，现在的股市走势如图 5-2 所示。

• 图 5-2　股票走势

由图 5-2 可知，技术面是妥妥的下跌趋势，而基本面也不是很理想。既然判断股市会下跌，那么为什么还要建议大家配置股票呢？

其中原因不是那些机构所说的"历史最低"，也不是定投必胜之类的理由，而是常识。

5.2.1 股票长期收益的最高逻辑

关于股票长期收益的最高逻辑，笔者将从如下 4 个方面进行具体分析：

1. 人无股权不富

事实上，看遍国内外那些逆袭的故事，总结起来都是同一部电视剧：老板是怎样炼成的。

老板是什么？老板就是企业的所有者，放到股市中就是上市公司的股东。投资上市公司的股票就是做股东、做老板。

试想你开一家饭店做老板，结果遇到生意不景气，难道你这老板就不当了？这时候，作为一个老板应该考虑的是如何调整，是否要转行或换个地方，当然你也可以关掉这个饭店，但是不管去做什么，老板还是要做下去的。

股权投资收益长期来看一定是最高的，因为如果股权投资收益比别的资产低，那么谁还愿意去开公司呢？没人去开公司，我们找谁打工去？一个没有雇佣的社会是什么样的？不敢想。

2. 无参与、无关心，无关心、无机会

机会总是留给有准备的人，你之所以有准备是因为你关心这件事，你关心这件事是因为你深度参与其中，而最深度的参与莫过于往里面投入了真金白银。

所以，如果你彻底离开了股市，那么当机会来临时你很可能是一个后知后觉者，后知后觉的代价是什么，无须笔者赘述。

3. 跌不代表没有机会

虽然股票市场整体上不好，但是不代表没有投资机会。事实上，大部分股票下跌，只有少部分上涨不才是应该的吗？为什么二八法则在别的地方都管用，在股市上就偏要普涨或整体上涨才有机会呢？

如果你着眼于未来 3 ~ 5 年的回报，那么现在的大跌势却是投资这些未来有机会的行业或企业的最佳时机。

4. 底部无法判断

我们可以看空股市，却无法判断出哪里是底部，更加不可能判断出什么时间出现底部。那么我们投资股票只能去衡量所要买的东西现在买是否划算，而不是跌到底了吗？

你现在买，可能买在左侧，你要等着底部出来再买。你买的是右侧，但这个左侧和右侧可能都是 2800 点。

成本上不见得就更好，但问题的关键是在左侧的 2800 点没敢上车，难道你确定在右侧的 2800 点就敢上车了？为什么成功的投资往往都是基于基本面的左侧买入？因为其背后不仅有判断的因素，还带着一分坚定。

5.2.2 资产配置的基本原理

在熊市中，我们如何投资股市呢？如下 3 个步骤可解决问题。

1. 选择在熊市中最可靠的投资策略

在熊市中什么策略最靠谱呢？答案很简单，那就是价值投资。关于价值投资，很多人可能会有误解，认为 A 股市场不适合价值投资。

产生这样的误解，原因就是投资者不理解价值投资的内涵是怎么一回事，如果理解了价值投资，就不会有这样的误解了。事实上，A 股不但适合价值投资，而且属于非常适合投资的类型。

价值投资的关键是什么？答案不是低市盈率，也不是白马股，而是定价错误。该定价错误可以是大盘蓝筹，也可以是中小创业板，价值投资的关键在于这个市场是否会出现定价错误。

比如，一个股票的价值是 10 元，但市场定价给出的是 5 元，3 年后该股票的价值是 20 元，但是市场却给出了 40 元的定价。你可以算一下，在一个完全有效的成熟市场，你能赚 10~20 元这样的涨幅，但是在一个会出现定价错误的市场，你可以赚 5~40 元，8 倍的涨幅，这就是价值投资的魅力和超额收益的来源，此来源既包括股价的低估，也包括股价的高估。

理解了这个关键之后，你还会认为 A 股不适合价值投资吗？你会发现，A 股有基本的制度，但是市场还需完善，定价经常出现错误。

我们固然有在股市高涨的时期各种"市梦率"级别的高估状态，自然也有熊市中"无厘头"的低价格。所以，在熊市中应该使用什么策略？显而易见，这个趋势下恰恰就是价值投资买入股票的最佳时机，价值投资策略是此时最好的策略。

2. 让自己一直对未来股市充满希望

固然价值投资是最好的策略，但是在熊市中，我们并不知道什么时候股价才能回归价值，价格的波动远远比价值波动大得多。所以，为了获利，我们就要保证我们的投资可以坚持到价值回归甚至价格高估的那一刻。

那么是什么决定了我们是否会坚持到最后一刻呢？不是恐惧。事实上你被套得深了，恐惧其实就已经不那么深刻了。真正决定我们是否能坚持到最后的，其实是我们是否对未来能赚钱这件事满怀希望。只要这个希望还在，我们就能坚持下去。

是什么决定了这种希望的存在呢？大家可以感受一下，如果你买了一只股票型基金，亏损多少的时候你会对未来充满希望呢？是 10%、20%，还是 30%？如果你在资产浮亏 20% 的时候还能充满希望，那么 20% 就是买入股票的底线。

所以，在价值策略下，你要买多少股票？现在这个阶段其实可以买到 6 成股票，因为，即便未来跌到 2000 点，你的总损失也不过 20%，这个比例下你可以一直充满希望，也就能坚持到超额收益产生的那一刻。

所以资产配置真的很重要，这个重要性不仅是数学计算告诉你的风险收益的最佳匹配，还有对自己心理的平衡。

3. 在低价区域有"子弹"继续投资

在熊市中价格是下跌的，虽然现在你觉得某些股票已经很便宜了，但是在熊市中它还可能更加便宜。

那么当它更便宜的时候能继续买入股票就对获得超额收益具有重要影响。如何保证你永远有钱并在更低的价格底部买入股票呢？很简单，就是将资产配置的比例固定下来，并以这个比例为标准进行动态调整。

比如，你现在有 60% 的股票、40% 的固定收益，如果未来股票下跌，那么这个比例就失衡了，跌到 2000 点，此时你的股票可能只有 50% 的比例，你就可以进行一次再平衡，把 40% 的那部分固定收入配置减持部分买入股票，使比例恢复到 60%，这就产生了低位买入的效果。

只要你减持该比例，那么该比例可以保证你在低位不管低到什么位置，你都有钱去买入。这个调整过程，其实就是资产配置定期调整的过程，在这个调整过程中你甚至可以修改该比例，比如股票跌到了 2000 点，那么未来还能跌多深？可能此时，7 成的股票配置会更加合理。

5.2.3 股票到底值不值得投资

价值投资这种投资方法管用吗？笔者认为，这个问题是不需要回答的，事实胜于雄辩，看看巴菲特所取得的成就就知道了。一个巴菲特赚的钱就等于 N 个索罗斯之和了，如果把世界上通过投资股票获得成功的富豪进行排序，那么巴菲特就是无可争议的第一名，并且他这个第一名轻松碾压后面第二名至第十名的总和。

价值投资是一个能够在投资中获得巨大成功的投资方法，然而当价值投资传入 A 股后，居然很多人认为价值投资不适合 A 股，真的是让人匪夷所思。价值投资适合中国股市吗？答案是肯定的，不只是适合，而且非常适合。

为什么在中国股市价值投资更加适合呢？要理解这个问题，我们首先要知道什么是价值投资。所谓价值投资是指"在股票价格低于其内在价值时买入，在股票价格高于其内在价值时卖出"，它是一个利用市场定价错误获取超额收益的过程。所以，没有什么价值股，也没有什么成长股，任何股票只要存在定价错误都可以称为价值投资的标的。

市面上经常说的成长股投资策略，其对应的不应该是价值投资策略，而是成熟股投资策略。搞清楚这个概念，对于那些标榜自己是成长型风格，并且鄙视价值投资的基金经理，你可以直接不考虑了，因为他们对投资的理解很不科学。

另外，根据价值投资的定义，价值投资也并不必然是长期投资。之所以很多人会把价值投资当成长期投资的代名词，是因为价格回归价值这件事有的时候是一个比较漫长的过程。

有机构研究统计过，从一只股票的价格波动短期来看与其价值关系不大，但是一旦把时间拉长到 3~5 年，那么影响这只股票价格的因素就只剩下价值本身了。

价格回归价值，或者价格从低估到高估的过程，最长是 3~5 年。但这里要注意的是，这个期限是最长而不是必然就这么长，当你买入一个价格低于价值的股票，它回归价值的时间可能是 3 年，也可能是 1 年，甚至是 1 个月，所以以投资期限的长短来判断是不是价值投资并不可取。

搞清楚这件事，当遇到一些基金经理拿长期投资当价值投资的，你也可以直接将其淘汰了。最后，根据价值投资的定义，最适合的价值投资的市场条件显然不是成熟市场，因为在成熟市场中，定价错误发生的概率是比较低的，即便发生定价错误幅度也比较有限，通过定价错误获得超额收益的空间比较低。

与成熟市场相反，对于那些绝对初级的股票市场，同样也不适合价值投资，因为既然价值投资的关键是发现价格与价值之间的差异，就必须要求我们有可能去评估一只股票的价值，这有赖于市场具有相对可靠的制度环境，初级的股票市场有价格，但是想判断一只股票的价值就很难了。

真正适合价值投资的市场应该是那种"半生不熟"的股票市场，这种股票市场有相对可靠的制度环境，同时这个市场存在大量不成熟的投资者。

A股市场就类似于这种"半生不熟"的股票市场，在A股市场中你可以看到太多错误的定价，这个错误定价可以是"市梦率"级别的泡沫，也可以是完全不屑一顾的低估，并且在两个极端之间的切换还很快，在A股进行价值投资，有时候甚至可以做成短线。

既然A股市场如此适合价值投资，而且价值投资能够获得如此高的回报，那么我们应该怎么进行价值投资呢？

答案说难也不难，说简单也不简单，你需要学会两件事，一件是如何评估一家公司的价值；另一件是如何应对股票价格的波动带来的持有风险。

5.3 在A股，集中投资好还是分散投资好

春季躁动的除了股票，还有人心。这不，在股票涨了一个月后，很长时间不聊股票的群又开始活跃起来。不过让人欣慰的是，这回聊起股票来，没说多少个股的问题，反而开始关心策略问题。也是，赔多了，总是会成长一些。依然选择"卖萌"的，只能被市场淘汰，谁有那么多钱给你在市场里"卖萌"呢？

5.3.1 到底是集中投资好，还是分散投资好

下面讲一下和市场无关但与策略有关的内容，那就是：我们在股市中投资到

底是应该集中投资还是分散投资？有人认为分散投资更好，也有人认为集中投资更强。确实，这个分散和集中的问题似乎是一个"公说公有理，婆说婆有理"的事情，并且不管对于分散还是集中都能够引经据典地举出一大堆的论据。

比如，经典的金融学理论一直教育我们"不要将鸡蛋放在一个篮子里"，否则一个篮子掉在地上鸡蛋就全没了。

通过讲道理和举例子甚至严密的数学计算，看上去分散投资是挺不错的，但是认为分散投资错误的也大有人在，最著名的就是巴菲特。

巴菲特曾教育我们说："把鸡蛋放在一个篮子里，然后把这个篮子看好。"至于举例子，巴菲特根本不用举例子，他自己就是例子。

巴菲特就真的正确，分散投资就真的那么无知吗？其实未必。无论是集中投资还是分散投资，其中成功之人都大有人在。集中投资方面有巴菲特，分散投资有彼得·林奇。

那么分散投资和集中投资并没有哪个更好的问题只是因人而异吗？却也没那么简单，人的因素固然重要，但是如果给出一定的时空环境限定，比如限定在当下的 A 股，那么这个问题其实是有确定的答案的。

到底是分散投资好，还是集中投资好呢？要想明白这个问题，首先我们要订立一个评价好或不好的标准，这个标准就是这两种投资策略哪一种更容易实现我们的投资目标。

我们的投资目标是什么？不仅是赚钱这么简单，除了赚钱我们还要跑赢市场。否则如果仅仅是赚钱而不以跑赢市场为目标，那么我们只需要买个指数就可以了，根本不用去想策略，也就没有所谓的分散投资和集中投资优劣的问题了。

那么跑赢市场的目标是否现实呢？这个目标虽然有难度，但还是现实的。在成熟市场，长期跑赢市场的投资者确实不多，但也不在少数，而在 A 股这样连技术分析都还有用的市场，跑赢指数就容易得多，所以在 A 股投资上思考策略问题就显得更加重要。

5.3.2 集中投资策略的条件

明确目标之后，我们再来看看集中投资和分散投资所需要的条件。集中投资的策略显然是一个高收益的策略，但是任何投资都不可能只看收益而不看风险，所以集中策略也有它自己的风险控制手段。

这个手段是什么呢？其实巴菲特的话说得很清楚，那就是"看好你的篮子"。这句话说得挺简单，但是做起来却有很高的门槛。要看好这个篮子你就需要对这个篮子彻底了解，要做到这一步不但需要你具备一定的金融、财务、企业经营方面的知识，还需要环境的支持和配合。

在美国，巴菲特以其资金实力和地位，能够比较轻易地和上市公司的高管打交道，甚至可以直接影响公司的经营决策，并且美国的财务制度和监管制度相对完善，上市公司的信息也相对透明，这给实施集中投资策略提供了必要条件。

反观 A 股，信息披露质量相对较差，对上市公司的了解很多人可能连老板是谁都不清楚，就更别提能够清晰地分析公司的走向了。

财报时不时再"爆个雷"，想做到清楚地了解一家上市公司，其难度还是比较大的。很多人觉得，在 A 股集中投资适合小资金，其实如果从了解公司这个角度来说，那么结论恰恰相反。在 A 股集中投资恰恰比较适合大资金。

综上所述，在 A 股的环境下，集中投资策略并不可取，尤其是小资金更不可取。

5.3.3　分散投资策略的条件

分散投资要跑平市场还是比较容易的，只要你足够分散就可以了，但是如果通过分散投资想要跑赢市场就不那么容易了，它一样需要市场提供必要的条件。

这个必要条件是什么呢？那就是市场上有足够多的、偏离平均定价水平的上市公司。想想分散投资，我们把选股的风险全部分散出去了，指数是一个股票组合，我们自己选择的是一个分散的组合，当这个组合足够分散时，大家面对的风险都是系统性风险，风险属性一致，意味着收益属性也应该一致。

说白了，经过分散配置之后，大家拿的其实是同样的东西，既然是同样的东西，最后你却要跑赢市场，凭什么？唯一的机会就在于，同样的风险属性下，你买的价格更低，这就要求股票市场上有足够多的偏离平均定价水平的公司，而偏离的原因还不能是公司经营问题，而应该是其他的诸如流动性之类与长期价值没什么关系的问题。

那么 A 股有这么多偏离市场定价很多的股票吗？从绝对值上来说，现在的 A 股不算贵，但是从市场平均的相对值来说，偏离定价的股票却很少，即便有，投资者也要长个心眼，很可能是公司有问题。

在美股，存在大量的中小市值的股票定价远远偏离市场正常水平，这些公司中不乏小而美的公司，由于流动性或风险收益比的问题常常被市场忽略，从而给勤奋的人提供了一个通过分散组合来战胜市场的机会。

在这里笔者还要多说一句：全世界的股市几乎都是大公司的估值高，小公司的估值低，而偏偏 A 股不是。A 股真的就这么特殊，还是这样的状况只是市场走向成熟的一个阶段？

想清楚这件事，其实就可以长期跑赢指数了。回到主题上来，通过前面的分析，大家可以清楚地看到：其实在 A 股市场，无论是集中投资还是分散投资都不具备完整的条件，所以既然都无法完成目标，就意味着无论是集中还是分散在 A 股市场中都不是一个好的策略。

集中不行，分散也不行，那么对于 A 股到底要用什么策略来投资呢？答案是采用分散集中策略。

5.3.4 采用分散集中策略

分散就是分散，集中就是集中，什么叫分散集中呢？其实就是有限分散策略或在特定条件下的分散策略。

什么叫作有限分散策略？即把分散集中在一个区域或一个行业，把一个篮子变成一个款式的多个篮子，这样我们就不必去了解每个公司了，只需要了解这个行业或区域就可以。

将公司级的风险分散至行业级，而行业的集中相对全市场来说，是存在足够差异的，这样相对来说就比较可行了。比如，我们看好 5G 行业，但是根本搞不懂怎样选公司，那么我们就可以直接把这个行业的公司全买了。现在这个买法也很容易实现，找一个跟着通信指数的基金即可，而这样的基金也有很多。

除了有限分散，我们还可以用特定条件去进行有限分散。这个特定条件可以是用技术分析整理出来的，也可以是用基本面条件框定出来的。比如，用 5 天均线和 20 天均线按照均线的交易规则构成一个买入一篮子股票的选时规则，或者把市盈率和市净率进行排名，买后 30 个，再或者按照市值大小就买前 100 个，然后定期按照此条件去调整持仓。这些都算是特定条件下的有限分散策略。

你可能会问，采用这么简单的策略就能跑赢市场了？答案是肯定的。上述这几个策略在 A 股市场经过 20 年回测统统有效，包括 5 天均线的策略都有效，A 股市场就是这么神奇。

其实这些简单策略之所以能够有效，关键是因为 A 股现在还不成熟，如果哪天成熟了，那么这个方法也就没有用了。不过也没关系，A 股成熟了之后可以直接去选择集中和分散两者中的一种，没有必要采取这些特殊处理。

5.4 明明选对了股票，为什么最后没赚钱

笔者在本节想先和大家分享几件在一个会员群里比较有意思的事情。

事情一：

某一次股市第一次下跌时就直接全面下跌，所有板块无一幸免，当时笔者在每周的直播课上分析了整个下跌的成因和对未来的展望，所以事情发生后学员们在群里问得最多的问题是："手上的股票卖掉了吗？调整结束后要不要再低价买回来？"

对这样的问题当然不能一概而论地回答，卖与不卖取决于股票的价值和价格之间的关系，对于一些有价值的股票，将来会涨回来，这些就不能卖。因为对于这样的股票很难搞清楚它什么时候会重新上涨，它并不是和大市完全同步的，而对于一些没有价值的股票，大势不跌也是要卖的。

道理很简单，但是对这个道理要是弄不清楚，很可能丢了西瓜捡芝麻。有一个伙伴成了"捡芝麻"的典型，我们姑且叫他小 A 吧。一天小 A 问笔者："大树，我 27 元买的海螺水泥，快跌到我的成本价了。既然预期后面大市还要调整，那么现在要不要卖掉？"笔者当然回答说不卖，这只股票的价值处于低估的状态，后面会涨回来的。

然而说是说了，并没什么用。第二天，当海螺水泥跌到 27.36 元的时候，小 A 还是卖掉了，还很高兴地在群里说赚了 3 毛钱。结果到了下午，股市如笔者所预测的那样发生了变化，如图 5-3 所示。

• 图 5-3 海螺水泥股票走势

事情二：

群里有一个小伙伴买了保利地产，之后保利地产表现很强势，大涨一轮后，在股市调整的时候微幅地调整了一下，没怎么跌。

虽然没怎么跌却还是跌了，小伙伴发现，除了保利地产，手上另一只股票在市场大跌的时候还是涨的，并且之前一直没怎么涨过，于是他就果断地抛弃了保利地产，买入了那只显得强势的股票慈文传媒。

接下来的一天慈文确实稍微强势一些，但是第二天就悲剧了，错过了保利的一个涨停板，如图 5-4 所示；另外一只股票慈文传媒的走势如图 5-5 所示。

• 图 5-4 保利地产股票走势

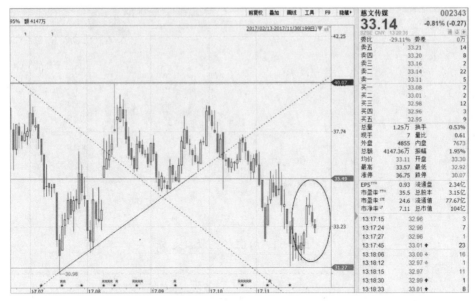

● 图 5-5　慈文传媒股票走势

事情三：

这个小伙伴比较有意思，股市大跌让大家情绪都比较低落，可是她却很兴奋。为什么呢？因为她空仓了。乍一看好像很厉害，股市大跌之前就空仓离场，躲过调整。但是后来笔者和她私聊才发现，她在大跌之前，大概半年前就空仓了。为什么呢？原因很简单，所有的钱都拿去买房子了。

据这个小伙伴说，于 2018 年 12 月看了笔者的文章，觉得中集集团有价值，可以买，于是就在 15 元多一点的位置买了，买了之后也很有耐心，认准了事情也能够坚持。一持股就持有了半年，到了 2019 年 5 月。这时中集跟随大势调整，回落到 14 元多，而她要买房子付首付，于是在这个价位就卖掉了所有的股票空仓去买房了，持有了半年不但没赚钱还略亏了一点。

之后悲剧发生了，她错过了后面 30% 多的涨幅，如图 5-6 所示。

于是在这次大跌面前她很兴奋，问的问题和别人都不一样，她总是问："这只股票能不能跌回到 14 元？我还能不能上车？"都说投资者的投资水平需要不断地总结经验教训才能提高，总结什么经验教训呢？上述 3 件事就是典型。

• 图 5-6　中集集团股票走势

其实选对股票不赚钱的情况在每个人的投资生涯中总会遇到的，笔者也不止一次经历过这样的遗憾。遇见很正常，但是如果不总结提高，就会总是遇见这种该赚的钱赚不到，不该亏的全亏掉的情况。对于这种看对市场赚不到钱的情况，笔者总结下来，其主要的原因至少有 3 种，以下 3 小节为具体分析。

5.4.1　家庭理财底层财务配置错误

什么叫作个人底层财务配置错误？即把不该拿来投资股票的钱拿去做投资，这样即便判断正确也能坚持，但是关键时刻却会因为外力的干扰而下牌桌。一只股票的上涨，其最大的涨幅往往就来自你持有过程中 20% 的时间，你等了那 80%，没有等来那 20% 也是徒劳。

前文的第三件事就属于这种情况，明明有买房的计划了，还用这笔钱去短期博弈股票，这种行为往往得不偿失。其实这样的事情，笔者自己也经历过，所以和她聊过后，我就知道她的问题所在了。

对于这种情况应该怎么办呢？说容易也容易，说难也难。关键是把合适的钱放到合适的地方，而合理利用金融工具解决家庭保障和风险问题是另外一门技能，这个技能即便你不炒股也非常重要，这就是个人家庭理财的技能。

5.4.2　傲慢，觉得市场一手尽在掌握

傲慢是人的天性，每个人都有以自我为中心的倾向，这本没有什么，但是如果把这个人性的弱点带到金融投资中，那么其破坏力是惊人的。它不但会导致你看对了赚不到钱，更有可能造成巨亏。

前文实例一中，投资者试图炒个短差，想调整结束后买回来，就是这个原因导致。觉得市场会按照自己的意图去走，可市场是谁也不认识的，它该怎么样就怎么样，不会以你的意志为转移。

前文实例二中，换仓的更是典型，盈利会进一步刺激本已具有的傲慢心理，一种波动由我心而生的感觉促使该投资者错误地进行了换仓。

对这种问题怎么解决？难。没办法，人性的弱点是与生俱来的，这是无法避免的，任谁连续盈利 10 次，都会产生一种天下我有的傲娇。对于这种情况只能设定硬性规则来阻断傲慢的泛滥，完全清除是不太可能的。

所以，这也是笔者一定要在自己的交易规则中，加入"连续盈利 3 次，一段时间内不做任何交易"的原因。

5.4.3　投资的股票没有一个清晰的计算

最后是一个共性的问题，就是对投资的股票价值没有一个清晰的、能够令自己信服的计算。我们买一件几百元的衣服都要讨价还价，要看它的质地和做工值不值这个价钱，而当我们以几十万上百万元投资一只股票时怎么就会变得那么草率呢？

对一只股票的基本价值没有清晰的认识，那么股票投资就只能被价格波动牵着鼻子走了，而价格波动有无数的陷阱在等着你。其实对股票进行价值的计算真的难吗？当然难，但并不是难在方法上，而是难在态度上。

到底有没有用心地去研究要买的股票？有没有认真系统地学习股票价值的估算方法？没有。大部分散户投资者没有这么做过，只依靠听别人说就投资了大把的资金出去。为什么把散户说成"韭菜"？这"韭菜"并不是输给了别人，而是输在了自己的懒惰上。

懒惰又是人的天性，怎么克服？靠自己，很难，所以要靠组织。想想我们读书的时候是怎么学习的？上课一起上，下课去自习室，人的自制力是有限的，当

自制力不足以解决问题时，就需要环境的制约。

这也是笔者要坚持直播课程的原因，可以使大家集中起来统一时间，也会使学习效率更高。而对股票的研究，组团一起干比自己一个人更容易克服惰性。俗话说，"三个臭皮匠赛过诸葛亮"，这不是谦虚，而是直指人性。

赚到该赚的钱，该亏的钱少亏，其实不做"韭菜"，你只需比别人多努力那么一点点就够了。

5.4.4　99% 每天看盘的股民，很难赚到钱

古希腊神话中有一个关于海妖的故事。海妖塞壬经常游荡在礁石和孤岛之间来蛊惑人心。她用自己的歌喉使得过往的水手倾听失神，航船触礁沉没，然后这些水手就成为她的腹中餐，于是塞壬出没的那一带海域堆满了受害者的白骨。

一天，英雄奥德修斯要驾船通过塞壬所处的海域，他知道塞壬的存在，于是提前让船员包括自己用蜜蜡封住耳朵，并且让手下把自己绑在桅杆上，并下令无论如何不得改变航向。不久船经过塞壬所在的小岛，虽然奥德修斯已经提前堵住了耳朵，但还是低估了塞壬歌声的穿透力，慢慢地塞壬的歌声穿透蜜蜡直击心灵。

歌声如此迷人，如此令人神往，他想要挣脱束缚奔向那美丽的海妖，他挣扎着并向手下喊着，要他们驶向海妖塞壬所在的小岛。水手们没有人理他，因为他们听不见奥德修斯的命令。就这样，船按照预先计划行驶，直至远离海妖塞壬，迷人的歌声不再传来……奥德修斯终于成功地穿越险地达到了彼岸。

如果股市就是那个海妖，那么岛上的皑皑白骨就是每天看盘的股民。有人说，成功投资的关键就是战胜自己人性中的弱点，笔者在很多年前对此深以为然，觉得这太有道理了，但现在的我对此却嗤之以鼻。

这种鸡汤式的投资格言看上去正确无比，但是如果你深信不疑，却可能贻害无穷，因为每次亏钱你都会认为是自己修炼不够，没能经受住诱惑或没能抵御住恐惧。既然已经认识到了，那么下次注意一下，肯定能战胜自己的弱点，结果下次依然如故。其实这样的投资鸡汤和很多鸡汤文一样，都有一种人定胜天的气质。

这句成功投资的格言最大的破绽就是"战胜"两个字。人是不可能战胜自己人性中的弱点的，原因很简单：面对欲望，人的自控力具有很强的波动性。现代的心理学研究表明，人的自控力作为一种资源是有限的，而这个自控力资源的多

寡随着时间、地点、环境的变化而变化。

比如早晨是一个人一天中自控力最好的时候，因为这一天的自控力资源还处于满血的状态，很多人明知道早上跑步锻炼并不是最优选择，但还是选择晨练，因为到了晚上很难去坚持，晚上往往都是纵欲的时刻。

再比如，在大学里临考试前为什么大家都去自习室或图书馆占位？在宿舍里躺在床上看书不好吗？这是因为不同环境下人的自制力是有波动的，在宿舍里诱惑太多，并且没有环境压力，效率自然低下。

学习、工作、生活尚且如此，最为考验人性的股市更加如此。在不同的条件下，股民的自制力波动性更大。自控力的波动性如此之大，我们又凭什么认为自己就能抵御住股市波动带来的诱惑呢？

每天应付生活已经不易，如果还要在每天看盘中消耗自控力，那么我们的自控力要么在市场面前崩溃从而变成塞壬岛上的白骨，要么生活彻底崩溃。所以，"成功投资的关键就是战胜自己人性中的弱点"这句话的正确表述应该恰恰相反：成功投资的关键首先是承认自己不能战胜自己人性中的弱点，然后才能找出正确的应对方法。

至于正确的应对方法是什么，其实前文的希腊神话已经告诉了大家答案，那就是英雄奥德修斯为了抗拒诱惑而做的一切。整理一下，这个做法分为如下3个步骤：

1. 从物理上隔断诱惑

神话中的奥德修斯就是用蜡封住自己的耳朵作为抵抗诱惑的第一道防线的。这一步很重要，虽然不能帮助你完全地与诱惑隔离，但是却能大大降低外界对自己内心的影响力。在股市中也是如此，我们首先要做的就是尽量减少看盘的时间，从物理上隔绝诱惑。

在股市中有所谓勤与懒的争论，有人说做股票要想赚钱就要懒，也有人说做股票要勤，这两种说法看上去是对立的，其实都是正确的，只是站在不同的角度罢了。

面对股市的波动我们要懒，而面对投资标的我们要勤，要反复、深刻地研究才行。很多时候我们都把这个懒与勤的应用角度搞反了，这是我们投资不赚钱的一个重要原因。当然，你可能要问，不每天盯着盘怎么控制风险呢？我们的止损怎么办？这是另外一个问题，在这里笔者只能说，看着价格波动去制定风险控制策略无异于缘木求鱼。

可以负责任地说，在股市中，用止损策略控制风险是没有用的，在股票市场控制风险靠的是资产配置。

理解了不要频繁看盘的重要性后，我们怎么才能做到呢？毕竟已经习惯了这件事，一天不看心里都像猫抓一样，怎么办？确实，一部分人因股票市场那种刺激本身带来的快感而有了心瘾，要想改变习惯就和戒烟一样并非容易的事情，一步到位无疑是痛苦且成功率低的，所以，好习惯的养成需要一个渐进的过程。

你可以先从删除手机上的看盘软件开始，再到收盘后市场静止时才看，再到一个星期看一次，最后慢慢地达到需要时才看的状态，在这个过程中其实还可以借鉴戒烟的方法寻找替代品，去干点其他的事情，比如健身。随着这个逐步改善的过程，你会惊奇地发现，自己的钱开始慢慢变多了。

2. 设置一个规则

既然不每天看市场了，那么我们为什么去投资？此时你需要的是建立一套可靠的投资规则，这个规则就是捆住奥德修斯的绳索。

建立这样的投资规则首先要想清楚，你要赚什么钱，你能赚什么钱，你能为赚这个钱付出什么代价，这是建立投资规则的基础。

然后才是具体要做的事情和不做的事情，列一个清单按照步骤一步一步去做就可以。至于这个清单怎么列，这属于知识的范畴，是最容易学的一部分，只要花心思和时间总是学得会的。

3. 把改变投资规则的权力交给别人

虽然我们可以尽量降低股市波动对自己人性的挑逗，但是却无法彻底地隔绝，尤其是处于现代信息发达的社会，不管你愿不愿意，关于股市的消息还是会时不时地传入你的耳朵，就像神话中的一样，即使堵上耳朵，还是会有美丽的歌声穿透进来，积累下来还是可能会导致理性的崩溃，从而使人做出改变既定规则、扑向诱惑的决定。

怎么办呢？像奥德修斯一样，把改变规则的权力交给别人。这件事放在机构里比较容易做到，风控部门是独立的，而个人投资者需要的是一个起到风控作用的伙伴。

没有完美的人，只有完美的团队，组团去炒股很多时候比个人默默折腾更有优势，这个优势不一定体现在分析研究上，但一定体现在风险控制上。

最后，为什么是 99% 每天看盘的股民赚不到钱而不是 100%？因为再低的概率，只要人头多，还是会有人能做对，但是请相信自己不会是那个好运的 1%。

其实那个希腊神话故事还有下半场，那就是后来又有一伙人也闯过了海妖塞壬的岛，并且他们没有堵住耳朵也没有把自己绑起来，就这么硬扛过去的，他们凭什么能做到呢？因为那伙人不是人，他们是神，拥有比塞壬更美的歌声。

5.5 从股票被腰斩到获利 7 倍，靠的是什么

曾经有一位朋友问笔者："手上的股票都已经腰斩了，怎么办？"笔者对这样的问题最近回答了很多，一贯的回答就是："有价值的坚决扛住，没有价值的坚决换掉。只要股票是有价值的，坚持不下牌桌早晚都会赚钱。"这样抽象地说肯定没有说服力，于是笔者给他讲了一个故事。这个故事是笔者亲身经历的真实事件。

2007 年年初，笔者还是某大银行的一个县下面的一个镇上的小网点的理财经理。虽然地方小，但压力也相对较小，所以日子过得很是惬意。

经验丰富的股民都记得，2007 年年初是个什么日子，彼时的股市是 2600 点左右。对，你没看错，和现在的指数点位差不多，不过彼时气氛可和现在不一样。股市经过 2005~2006 年的上涨，指数已经翻了 1.6 倍，再后知后觉的人，这时都开始讨论股票了，我们银行网点也不例外。

在某天下班后聚餐时，有人提了一嘴说，五粮液最近涨得很厉害啊！然后，我的一个朋友忽然想起了什么："真的吗？我记起来，我很久之前好像买了这只股票，后来跌了 50% 就没管，今天你不提我都给忘了。"听她这么一说，大家立刻醒酒了，忙盯着她说："赶紧看看啊，说不定发财了。"朋友说："发财怎么会？我记得当年好像就买了 2 万元。"有人说："那可不一定啊，五粮液涨了很多，而且股权分置改革还送了权证什么的，你赶紧查查啊！"

"查一下？账户和密码都忘了，明天去证券公司查查看吧。"他说。第二天上午我打电话给那位朋友，问他五粮液股票赚了多少钱。他说："也没多少啦，算上权证一共 14 万元。"14 万元，7 倍盈利还没多少？那时候笔者的工资一年下来才 4 万元，还是税前。讲故事不是目的，说明问题才是目的。

虽然这位朋友懵懵懂懂地赚了 7 倍，但是这笔投资收益是完全没有道理的吗？道理是有的，并且简单而深刻，对现在的市场环境来说尤其重要。那么都有些什么道理呢？至少有如下 3 个。

5.5.1　必须要买有价值的股票

你可能会问，"必须"这两个字不对吧？并非如此，这句话深刻就深刻在"必须"两个字上。

这里涉及一个问题，要想在股市中赚钱，就一定要先区分清楚什么是技术问题，什么是概率问题。而在概率问题上，我们对未来的预测其实大部分时候是自欺欺人的，即使正确也不过是一种自然的错觉罢了。

5.5.2　必须坚持长期持有有价值的股票

有价值的股票不代表不会跌，而事实上有的时候其下跌超过 50% 也是很正常的。为什么会这样呢？原因很简单，股票的价值是未来收益的折现值，这就使股票的价值计算完全是出于理性的收益风险计算得来的。

价值这么算没问题，但市场的买卖动机却并不全是基于收益风险的衡量。我们买入一只股票还好说，基本上是奔着盈利去的，但是卖出股票的基本动机有时候却并不基于收益，它可以是基于保本的需要。

比如，你欠了一屁股债，现在没钱还债怎么办？变卖家产还钱呗。这时你还有机会考虑这东西价值多少吗？这时你考虑的是尽快卖掉，而不会是其他。

现在股市大幅下跌，谁在卖？对此不用关注。所以，股票价格偏离价值很正常，并且我们也不知道什么时候能回归价值，那么怎么办呢？长期持有，你要相信常识的力量。

5.5.3　从资产配置上来看，也支撑上面两个理由

选一只有价值的股票并不难，最难的是长期持有，但长期持有考验的是人性，我们的敌人是自己的 DNA，这个问题最难。

怎么办？克服恐惧吗？当然不是。恐惧是克服不了的，正确的做法是通过资产配置使自己的恐惧 DNA 不被触发。为什么前文中朋友会把五粮液的股票给忘记了？因为买得少，买得少也就意味着总资产的波动低。

道理都说完了，你看到 A 股现在这个样子还是会感到恐惧和绝望。怎么办？答案是别看股市。何必给 A 股启动你 DNA 的机会呢？

5.6　中国股市的避雷针，散户如何避免踩雷

进入 2019 年，白马股接二连三爆雷：康得新、康美药业、三安光电等。还有一大堆的机构踩雷：中证金、汇金、社保基金、信托、产业基金等。

这样的市场，专业机构都栽了，白马都靠不住了，散户怎么办呢？其实笔者也一直想不明白，这些专业机构怎么就踩雷了呢？难道这些爆雷公司的破绽那么难找吗？看看几个公司爆雷的理由好像也不需要多么专业，有点常识的投资者都看得出来。

不过你不仔细，对得起把钱委托给你们的投资者吗？好了，不说机构了，还是说说我们自己的投资。散户如何避免踩雷呢？其实结合 A 股的实际情况，看 3 个指标就可以。

这 3 个指标只要有一个不能让你满意，那么直接排除不碰即可。不过在讲这 3 个指标之前，还是先定义一下什么是"雷"，因为它决定了这 3 个指标的有效范围。

对于股市中的"雷"，关键要和股市中的"黑天鹅"区分开，所谓"黑天鹅"事件是指那些不可预知的意外事件，这些事件不以人的意志为转移。

所谓的地雷是一种人为的、有目的的陷阱，表面上看是一马平川，但在掩饰之下却是一个大坑。既然是有目的并且是人为的，那么这种雷掩饰得再高超也会有破绽，即使没有破绽也可以站在目的的角度以逻辑上的不可能去排除。好了，

铺垫完了，我们来看看这 3 个指标。

5.6.1　查看上市公司的融资情况

第一个指标：上市公司的融资情况，尤其是直接融资情况。沪深两市上市公司有 3000 多家，每家公司随便发个年报就够你看很久了。作为一个业余投资者看到一只股票时，首先应该想的不是怎么去深入研究，而是先看看有没有什么东西可以把不需要的信息排除掉。

排除用的第一个指标就是这家公司的融资情况。如果一家公司上市以来不停地进行融资，尤其是直接融资，今年一个配股明年一个定向增发什么的，那么这种公司直接淘汰，不用考虑了。即便这样的公司股价有大幅上涨的机会，这样的机会也不属于你。某公司的融资情况如图 5-7 所示。

	金额（亿元）	占比
上市以来累计募资	136.52	100.00%
直接融资	113.98	83.49%
首发	1.52	1.11%
配股	0.90	0.66%
定向增发	111.57	81.72%
间接融资	22.53	16.51%

直接融资历年明细

公告日期	融资方式	年度	发行价（元）	募资总额（亿元）	募资净额（亿元）
2015-12-17	定向增发	2015年	22.51	35.10	34.54
2014-01-30	定向增发	2014年	21.80	33.00	32.37
2010-10-15	定向增发	2010年	30.00	30.30	29.80
2009-09-30	定向增发	2009年	26.00	8.19	8.00
2008-06-27	定向增发	2008年	4.33	4.98	4.98
1997-11-19	配股	1997年	5.80	0.90	0.90
1996-05-10	首发	1996年	7.58	1.52	1.45

• 图 5-7　某公司的融资情况

自 1996 年开始上市，第二年就配股，之后一直消停了 10 年，估计到 2008 年换了老板，一直定向增发融资，前前后后这家公司从股市上圈走 113 亿元。

看到这里你可能要问，圈了这么多钱这家公司盈利情况怎么样呢？不用看了，好或不好都不重要，即便很好随着股本的扩张也和你没有关系。

这种频繁的融资活动为什么会成为 A 股市场最重要的一个排除指标呢？很多机构不是说，这种定增并购属于外延增长，可以帮助企业做大做强吗？然而情况并不是这样，并购重组的成功率其实和创业的成功率相当，很多时候并购成功是要靠一点运气的。

2019 年被热议的商誉地雷问题为什么会成为问题？不就是很多并购项目大幅度贬值了。一个企业如果要靠不停地并购重组才能实现增长而不是靠自身的经营来获得成长那是不长久的。因为并购重组的失败概率太高了，如果一个公司频繁这样做，那么可以肯定它必然会有失败的项目，常在河边走哪有不湿鞋的？

还有就是这样会激励这种通过资本运作迅速做大市值再从中套利的行为。这中间对散户来说有太多的信息不对称，面对这些一心想捞快钱的上市公司老板，散户被割韭菜就太正常不过了。并且，股权融资是最贵的一种融资方式，如果一家公司本身负债率就很低，却还要大量地进行股权融资，那么对这种不合理的行为就要考虑造假的可能性。

最近爆雷的 3 个白马股都存在这种多次融资的现象，像康美药业更是通过股权圈了 800 多亿元，而图 5-7 所示为三安光电的融资情况，它不停地进行股权融资，但是资产负债率自 2014 年以来就没高过 30%。三安光电被质疑的是巨额预付款去向不明的问题，其实不用看那么细，看看融资结构就知道其很不正常了。那么真正牛的公司融资机构是什么样的呢？如图 5-8 所示，2001 年 IPO 后再无融资。

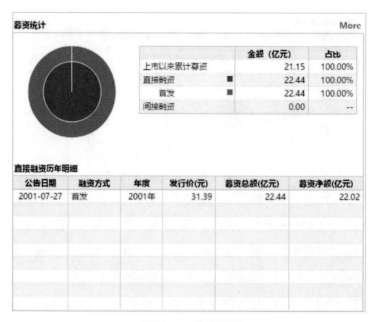

• 图 5-8　募资统计

为了避免荐股的嫌疑，对于上述公司是哪一个笔者就不说了，虽然 A 股的激励机制比较刺激，大家搞资本运作短平快，但有理想的企业还是有不少的。当然，我们没必要这么苛刻，要求 IPO 后不再进行圈钱，但这个条件也不能放得太宽。笔者自己的要求是 IPO 后，股权融资不超过一次，否则排除。

5.6.2 查看上市公司的现金分红情况

第二个指标：现金分红。对于现金分红很多股民都不屑，因为这东西一除权就没了，如果再缴点税，股票分红对股东来说还是亏的。没错，这是事实，现金分红确实对股东来说没有直接的意义，但是对一个公司的财务是否健康，现金分红却是一个重要的旁证。

试想，如果一个公司去掉成本和各种税费，还能真金白银地给股东大比例的分红，那么这个公司财务造假的可能性就比较低。毕竟财务造假不管多么高明都是无中生有，是没有真金白银的。

如果一家公司常年不分红或分红比例很低，就直接将其淘汰。这种公司要么是亏损的，要么是盈利含金量不足，要么是没有把股东利益摆在第一位，这 3 种情况都是不好的。只有一种情况是好的，那就是为了增长进行的盈利再投资，这时我们看一眼利润，如果利润还是停滞不前，那么这种投资就是白烧股东的钱，也不可取。

所以在 5 种情况中，4 种是不靠谱的，对其利润你也不用看了，直接将其淘汰掉，即便错杀了也别可惜，省时间了。

5.6.3 查看上市公司的现金流量表

第三个指标：现金流量表。财务造假中最难的是现金流量，但我们看的不是净现金流量，而看现金流量表对公司行为的描述，如果公司行为比较反常，就不用考虑了。

一个公司的现金流量表由经营性现金流量、投资性现金流量和筹资性现金流量构成，我们看看三者之间的关系就可以大概对该公司的行为有一些基本的概念。如图 5-9 所示为康美药业现金流量表。

经营活动现金流量	18.43	16.03	5.09	11.32	16.74	10.08
投资活动现金流量	-15.30	-19.86	-14.44	-7.69	-7.35	-13.82
筹资活动现金流量	65.06	118.34	67.59	11.41	14.29	1.48
现金净流量	68.18	114.50	58.25	15.05	23.68	-2.25

• 图 5-9　康美药业现金流量表

从 2013 年开始，该公司一边在经营上流入大量现金，一边又通过筹资融入大量现金，但是在这期间，相比于经营和融入的现金来说，投资性的现金流出却少得可怜。尤其是 2016 年，经营现金流入了 16 亿元，融资流入了 118 亿元。

当它的投资只有 20 亿元不到时，对于这样的现金流状况我就要问了，该公司弄这么多现金干什么呢？难道该公司经营的目标就是囤积货币？或者老板的爱好是数钱？这样的行为很不符合经营逻辑。

这样的破绽其实是显而易见的，该公司今年被证监会立案调查了。没错，它就是康美药业，对该公司不需要看它年报中的财务报表呈现出的现金和借贷双高的现象，只要看看现金流量表的三项关系就可以了。真是搞不懂，机构怎么会在这样的公司上栽跟头？难道有关人员对这么显而易见的东西都看不见吗？

除了这种坏公司，好公司的现金流量表是什么样的呢？答案如图 5-10 所示。

经营活动现金流量	221.53	374.51	174.36	126.33	126.55	119.21
投资活动现金流量	-11.21	-11.03	-20.49	-45.80	-53.39	-41.99
筹资活动现金流量	-88.99	-83.35	-55.88	-50.41	-73.86	-39.15
现金净流量	121.33	280.14	97.83	30.05	-0.70	38.07

• 图 5-10　好公司的现金流量表

这就是牛气公司的现金流量表，经营性现金流正流入，同时投资性现金流流出，显示公司为了增长持续进行再投资。

筹资性现金流流出，显示公司还债或给股东分红，完成这些工作，现金净流量还是正数，说明该公司靠经营所得就可以覆盖扩张、还债和分红的需要。

这 3 个指标是笔者第一步用来排除股票的，靠这 3 项排除，笔者一直以来没有踩过雷。当然，你可能会觉得这些条件挺简单粗暴的，这会错杀一些好公司。

没错，确实会错杀一些好公司，也会错过很多行情，但是这不重要，因为我们能投资的股票也就那么几只，苛刻一点没什么不好。

第6章

基金投资：让你的财富学会滚雪球

"存银行不甘心，炒股票不放心，做地产不安心，买基金最省心。"这句话很好地形容了如今基金在投资市场中的重要地位，基金以其稳健、易于打理等特点，日渐获得广大家庭投资者的青睐。

当我们的资产略有剩余时，为求安全保障，将自己积攒多年的银行存款拿出来交给基金专家打理，不失为一种良好的投资理财方式。

6.1 关于基金你需要知道的几个知识点

"存银行不甘心，炒股票不放心，做地产不安心，买基金最省心"。这句话很好地形容了如今基金在投资市场中的重要地位，基金以其稳健、易于打理等特点，日渐获得广大投资者的青睐。

6.1.1 什么是基金投资

基金英文为 Fund，原意就是资金，简单地说基金就是通过汇集众多投资者的资金，交给银行托管，并由专业的基金管理公司负责投资于股票和债券等证券，以实现保值增值的目的。

6.1.2 基金的投资种类

基金的种类多种多样，根据不同的划分标准，可以将证券投资基金划分为不同的种类：

（1）根据基金单位是否可增加或赎回，分为开放式基金和封闭式基金。

（2）根据基金的投资风险和收益不同，分为成长型基金和收益型基金。

（3）根据基金的募集方式不同，分为公募基金和私募基金。

（4）根据组织形态的不同，基金可分为公司型基金和契约型基金。

6.1.3 基金的投资优势

与股票、债券、定期存款、外汇等投资工具一样，证券投资基金也为投资者提供了一种投资渠道。基金投资之所以受到投资者的青睐，关键原因在于其突出的优势，具体表现在如下 4 个方面。

（1）专家理财，独立托管：投资基金后便会有一批既有较高学历，又有丰富投资经验的专家帮助用户进行理财，他们了解金融市场的运作情况，可以使投资者赚得更多。基金公司不但负责基金的投资操作，为投资者记录税务和抽资所需的文件，还可以为投资者提供准确且详细的年结单。

（2）集合投资，分散风险：基金公司通过集中大量中小投资者的资金，可以在投资活动中处于强势地位，具有直接或间接操纵市场的能力，通过各种手段给投资者带来利润。基金公司拥有雄厚的实力，可以同时分散投资于股票、债券以及现金等多种金融产品，分散了对个股集中投资的风险。

（3）成本低廉，手续简便：投资者拥有 1000 元即可进行基金投资，而且可以享受税收上的优惠。基金投资的手续费用比较低，而且操作简单，投资者只需以电话和邮寄填妥表格的方式认购，即可购买基金。

（4）严格监管，套现灵活：基金投资由中国证监会进行非常严格的监管，保障资金运行的安全性，并对各种有损投资者利益的行为进行严厉的打击。另外，基金大多有较强的变现能力，可以随时出售所持有的基金。

基金投资就是让专家替投资者打理财富。虽然基金不能保证年年赚大钱，但是起码不太可能出现大亏损，在高风险的股市中具备这样的特点很不容易。

6.1.4　谁适合投资基金

基金逐渐为大多数中小投资者所接受并成为比较常见的理财方式之一，但任何一种投资都不是万能的，都有其适合的人群，而适合基金投资的主要有如下 5 种人群。

1. 每月领取固定薪酬的上班族

大部分的上班族薪资所得在扣除日常生活开销后，所剩余的金额往往不多，单独投资意义不大，小额的定期定额投资方式最为适合。另外，上班族工作时间一般严格固定，因此设定指定账户中自动扣款的基金定投，只需办理一次手续就能搞定未来几年甚至十几年的投资交易，对上班族来说是最省时省事的方式，而且基金还能帮助他们起到强制储蓄的作用。

2. 有特定理财目标或者远期资金需求的人

在已知未来将有大额资金需求时，提早以定期定额小额投资方式来规划，不但不会造成自己经济上的负担，还能让每月的小钱在未来变成大钱。

例如，10 年后子女出国留学，而且当前有收入进行投资，那么用基金来实现攒钱的目标也是非常不错的选择。

3. 愿意投资，但缺乏投资经验的人

由于没有投资经验，很多投资者陷入了追涨杀跌的泥潭而难以自拔，最终投资下来伤痕累累。

因此，对那些尚没有投资经验或者不适合独立投资的人来说，基金可以说是一种比较有规定的投资，这样可以避免投资者再度陷入跟风的怪圈。

4. 不喜欢承担过大投资风险者

风险态度偏中或偏低的人，他们通常不愿去冒很大的风险，因而分期分配的基金投资对他们来说最合适不过。基金定投具有投资成本加权平均的优点，能有效降低整体投资的成本，分散市场波动的风险。

以基金定投的方式来应对短期震荡加剧而长期坚定看好的市场，这对那些有心投资但又不清楚如何选择好投资时间节点的投资者而言，也是一个很好的选择。

5. 有些闲钱，却没有时间投资的人

例如，有一些个体户或者生活节奏非常快的人群，他们没有过多的时间去关注股市等投资市场，而需要将更多的精力去关注事业或者学习，那么基金就是一种比较适合的投资方式。

基金投资方式非常适合现在的年轻人，在发工资后留下日常的生活费，就可以将其余部分做"定投"。这样持续一段时间后，就会给自己带来可观的收益。当然，是否投资基金也要因人而异，根据自己的实际情况而定，毕竟基金是一项长期投资业务，在投资时一定要考虑到自己的收支状况。

6.1.5 基金投资的术语

了解基金名词术语是投资基金的必备因素，对正在购买基金的新基民来说，快速了解这些名词对具体的投资有很大的帮助，如表 6-1 所示。

表 6-1　基金常用名词

常用名词	相关说明
基金资产总值	基金资产总值是包括基金购买的各类证券价值、银行存款本息以及其他投资所形成的价值总和
基金资产净值	基金资产净值是指基金资产总值减去按照国家有关规定可以在基金资产中扣除的费用后的价值
基金资产估值	基金资产估值是指通过对基金所拥有的全部资产及所有负债按一定的原则和方法进行估算，进而确定基金资产公允价值的过程
基金单位净值	基金单位净值即每份基金单位的净资产价值，等于基金的总资产减去总负债后的余额再除以基金全部发行的单位份额总数。开放式基金的申购和赎回都以这个价格进行
基金累计净值	基金累计净值是基金单位资产净值与基金成立以来累计分红的总和
基金拆分	基金拆分是在保持投资者资产总值不变的前提下，改变基金份额净值和基金总份额的对应关系，重新计算基金资产的一种方式
工作日	指上海证券交易所和深圳证券交易所的正常交易日
开放日	指为投资者办理基金申购、赎回等业务的工作日
T 日	指销售机构在规定时间受理申购、赎回、基金转换或其他基金交易的申请日
T + n 日	指 T 日后（不包括 T 日）第 n 个工作日
建仓	对基金公司来说是指一只新基金公告发行后，在认购结束的封闭期间，基金公司用该基金第一次购买股票或者投资债券等（具体的投资要根据该基金的类型及定位来确定）。对私人投资者来说，比如自己，建仓就是指第一次买基金
持仓	即投资者手上持有的基金份额
加仓	指建仓时买入的基金净值涨了，继续加码申购
补仓	指原有的基金净值下跌，基金被套一定的数额，这时在低位追补买进该基金以摊平成本（被套就是投资者以某净值买入的基金跌到了该净值以下。比如投资者花 1.5 元买的基金跌到了 1.15 元，那就是说投资者在该基金上被套 0.35 元）
满仓	是把投资者账户内的所有资金都买了基金，像仓库满了一样。大额资金投入的叫大户，更大的叫庄家；小额资金投入的叫散户，更小的叫小小散户
半仓	即用一半的资金买入基金，账户上还留有一半的资金。如果是用 60% 的资金叫六成仓……可以以此类推。例如投资者有 3 万元资金，用 1.5 万元买了基金，就是半仓，称为半仓操作。它表示没有把资金全部投入，是降低风险的措施
重仓	指这只基金买某种股票，投入的资金占总资金的比例最大，这种股票就是这只基金的重仓股。同理，如果投资者买了 3 只基金，有 75% 的资金投资在其中一只上，那么这只基金就是重仓。反之即为轻仓
空仓	即投资者把某只基金全部赎回，得到所有资金，或者投资者把全部基金赎回，手中持有现金

续表

常用名词	相关说明
平仓	平仓容易和空仓混淆，应注意区分。平仓即买入后卖出，或卖出后买入。具体地说，比如今天赎回易方达基金，等赎回资金到账后，又将赎回的资金申购上投成长先锋，相当于调整自己的基金持有组合，但资金总额不变。如果是做多，则是申购基金平仓；如果是做空，则是赎回基金平仓
做多	表示看好后市，现以低净值申购某基金，等净值上涨后收益。做多就是做多头，多头对市场判断是上涨，就会立即进行基金买入，然后在上涨之后卖出，赚取中间的差价，总体来说就是先买后卖
做空	认为后市看跌，先赎回基金，避免更大的损失。等净值真的下跌再买入平仓，待净值上涨后赚取差价
踏空	由于基金净值一直处于上涨之中，净值总是在自己的心理价位之上，无法按预定的价格申购，一路空仓，就叫踏空
逼空	基金涨势非常强劲，基金净值不断抬升，使做空者（后市看跌而先期卖出的人）一直没有好的机会介入，亏损不断扩大，最终不得不在高位买入平仓，这个过程叫逼空
套期保值	指改变基金的投资类型，以保证资金不减少。例如，为保证基金不被套，在市场不景气的时候可以把股票基金转为货币基金避险

6.2 选购基金的技巧，这几点要知道

基金管理公司既是基金资金的募集者，也是基金的管理方，它的主要职责是根据基金合同的相关约定，对基金的资金进行投资运作，在控制风险的基础上为投资者谋求收益的最大化。

基金公司的选择对基金投资至关重要，一个好的基金公司能给投资者带来滚滚红利，而一个能力不强的基金公司则会让投资者血本无归。本节主要介绍通过基金公司巧选基金的操作方法。

6.2.1 通过基金公司巧选基金

如今的基金投资，投资者通常都是在网上进行的，与传统的基金投资方式相比，网上投资基金一般有如下四大优势。

（1）快捷的一站式投资服务：在网上投资基金，投资者只需要去银行办理

具有网银功能的银行卡，就可以在线申请基金账户，甚至能在网上银行完成基金的投资。

（2）全天候随时交易：在网上投资基金，可以 24 小时随时进行交易，不会错过最佳的买卖时机。

（3）投资成本更低：在网上投资基金，省去了很多交易步骤，证券公司的经营成本也更低，所以不管是购买还是赎回，其费用都会比传统的交易方式更低。

（4）工具齐全，功能完善：在网上投资基金，不但可以完成传统投资全部的功能，还可以使用基金计算器、投资规划等功能，全面地服务基金投资。

在网上投资基金的优势这么多，对基民来说选择一家优秀的基金公司是投资基金的准备工作中的主要环节。下面对如何选择优质的基金公司进行相关介绍。

6.2.2 通过基金评级与净值巧选基金

众多基金产品与投资者的盲目投资构成了突出矛盾，该如何从上百只基金中挑选出优秀的基金便成了市场中亟待解决的问题，而基金评级和净值正是解决这一问题的良药。

人们在购买各个金融机构推出的理财产品时，往往只会注意基金产品的收益率。其实，投资者在购买基金产品时，应注意每个基金产品的基金评级，它是购买基金产品的重要考虑指标。

通过基金评级机构对市场中的基金产品进行监管，不仅对基金市场有好处，对基金经理人和基金投资者都有不少好处。基金评级有 5 个优点，具体介绍如下。

（1）从基金投资者的角度：评级结果是其投资行为的重要参考指标，有利于投资者科学地评价基金，挑选适合自己偏好的基金。

（2）从基金公司的内部管理角度：有利于基金管理公司评价旗下基金的经营业绩，还可以对基金经理人产生约束和激励，方便考核基金经理。

（3）从基金经理人的角度：评级可以反馈市场信息调整策略，有利于基金经理人研发新的基金品种。

（4）从市场监管部门的角度：有利于基金托管行更好地发挥监督职责，加强基金信息披露的规范化，增加基金管理公司透明度，方便监管部门监管。

（5）从基金业自身发展的角度：有利于基金研究数据平台的建设，其研究成果可以指导、促进基金市场健康发展。

6.2.3　通过基金年报巧选基金

基金年报，顾名思义，就是指基金年度报告。基金公司每一年年末或年初都会公布本年度或上一年度基金盈利等方面的具体情况。年度报告中包含一年间基金方方面面的内容，投资者可以根据这些内容选择自己看好的基金。

毫无疑问，基金年报对投资者的基金选择的意义重大，但是基金年报报告的内容过多，一份基金年报通常会有数十页之多，而且其中不乏专业术语。对一个基金投资新手来说，即便花了大量的时间也未必能完全把握基金的方方面面。

因此，投资者在查阅基金年报时不应一味地追求全面，而应该运用一些技巧，有重点地进行把握。总的来说，投资者在看基金年报时，需要具备 5 种技能，即了解收益标准差、看懂关联方买卖、通过细化单位比较、学会展望基金前景和判断基金经理操守。

6.2.4　开设基金账户的方法

投资者在选择好购买渠道后，即可办理基金开户手续，即要开设基金账户和交易账户。基金账户又称 TA 基金账户（Transaction Account），是指注册登记人为投资者建立的用于管理和记录投资者交易该注册登记人所注册登记的基金种类和数量变化情况的账户。

投资者在办理认购、申购业务前，必须先开立基金账户。投资者在申请开立基金账户的同时，直销柜台将同时为其开立一个交易账户。办理基金账户的一般流程为：办理银行卡—登录基金网站开户—银行卡身份验证—注册银联通用户—注册基金公司用户—开户成功。

交易账户用于记录投资者通过该销售机构办理基金交易所引起的基金份额的变动及结余情况，通常是由销售机构为投资者开立。基金账户和交易账户是一对多的关系，一个投资者在银行只有一个交易账户，但是可以同时买多个基金公司的基金，这时是一个交易账户对多个基金账户。

个人投资者开户需准备如下资料。

- 出示有效身份证件原件，提供复印件（包括身份证、护照、军官证、士兵证、文职证及警官证）。除上述明确列举的有效身份证件外，投资者提交其他证件的，由注册登记机构最后认定其是否有效。
- 出示同名的银行卡或储蓄存折或指定银行账户开户证明原件，提供复印件。
- 提供填妥的"开放式基金日常账户业务申请表"。

基金开户必须由投资者亲自办理。投资者提交开户申请时，除了提供正确的姓名、证件类型、证件号码、银行账户的详细信息，还必须至少（但不限于）提供完整的通信地址、邮政编码以及联系电话。

机构投资者开户需准备如下资料：

- 出示有效企业法人营业执照或注册登记证书原件，并提供加盖单位公章的复印件。
- 提供填妥的"开放式基金业务授权委托书"。
- 出示业务经办人有效身份证件，提供复印件。
- 提供填妥的预留印鉴卡一式三份（注意：预留印鉴必须包括至少一个公章和一个私章）。
- 出示指定银行交收账户的开户证明原件，提供原件或加盖公章或预留印鉴的复印件。
- 需提供填妥的并加盖公章和法定代表人签章的"开放式基金日常账户业务申请表"。
- 机构投资者可以开通传真交易，需提供加盖公章和法人章的传真交易协议一式四份。

6.2.5　开放式基金的买卖须知

开放式基金的交易渠道主要有 3 个，即基金公司直销、证券公司代销和银行代销，它们各自的优势和不足如图 6-1 所示。投资者选择交易渠道，并办理好相关的手续，就可以进行基金的相关操作了。

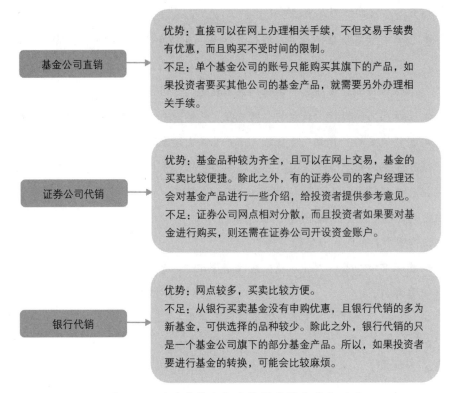

• 图 6-1　开放式基金各交易渠道的优势和不足

6.2.6　封闭式基金的买卖须知

与开放式基金有很大的不同，封闭式基金买卖是在证券交易所进行的，它的买卖方法与股票有着一些相似性。

下面就来看看关于封闭式基金买卖的一些注意事项。在进行封闭式基金的申购时，投资者需要重点注意三大事项，具体如下：

1. 配号认购

因为封闭式基金采取的是网上发行的方式，认购量必然会超过发行量，所以，它需要以"配号摇签"的形式对基金份额进行分配。只有当投资者的配号与中签号一致时，才说明申购中签了。

2. 申购须知

申购之前，投资者需要先获得一个可用于申购的账户，并在该账户内存入用于认购的资金。这个账户可以是基金账户，也可以是沪、深股票账户。如果确认中签了，则还需要对申购的相关规则进行学习，打有准备的仗。

3. 账户须知

投资者拥有了股票账户之后，不要再去另外开设基金账户，且每个投资者对应一个资金账户，不得用多个资金账户进行申购。

封闭式基金主要有 7 个特点，具体如图 6-2 所示。

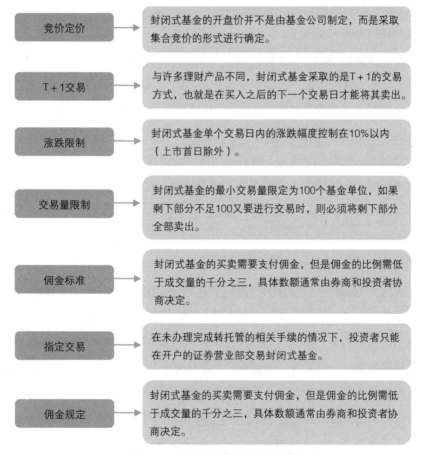

竞价定价	封闭式基金的开盘价并不是由基金公司制定，而是采取集合竞价的形式进行确定。
T＋1交易	与许多理财产品不同，封闭式基金采取的是T＋1的交易方式，也就是在买入之后的下一个交易日才能将其卖出。
涨跌限制	封闭式基金单个交易日内的涨跌幅度控制在10%以内（上市首日除外）。
交易量限制	封闭式基金的最小交易量限定为100个基金单位，如果剩下部分不足100又要进行交易时，则必须将剩下部分全部卖出。
佣金标准	封闭式基金的买卖需要支付佣金，但是佣金的比例需低于成交量的千分之三，具体数额通常由券商和投资者协商决定。
指定交易	在未办理完成转托管的相关手续的情况下，投资者只能在开户的证券营业部交易封闭式基金。
佣金规定	封闭式基金的买卖需要支付佣金，但是佣金的比例需低于成交量的千分之三，具体数额通常由券商和投资者协商决定。

• 图 6-2 封闭式基金的主要特点

基金净值既是判断一个基金盈利能力主要的依据之一，也是投资者买卖基金时需要重点关注的内容。基金公司会在对资产状况进行评估之后，在固定媒体上定期对基金的单位净值进行公布。投资者需要及时了解基金的净值变化，并据此对下一步操作进行计划。

6.3 这只基金值不值得买？这 5 步告诉你答案

最近有一只叫兴全合宜的基金一天募集资金 300 亿元，这样火爆的场面似曾相识，之前东方红发基金的时候也是这样，只是东方红没有照单全收，最后按比例配售了。笔者想：兴全基金自己可能也没想到产品能卖这么火，以至于发行前连按比例配售的机制都没有准备，只能照单全收了，完全低估了人们的需求程度和微信朋友圈的传播威力。

虽然说兴全照单全收了，但是仅仅一天认购就提前结束募集，还是让很多没买到的小伙伴惋惜不已，于是就有很多朋友私信笔者，询问一些基金代码能不能买，对这些问题我统统没答复，不是装神秘深沉，而是真不知道。

基金现在多得就像是星辰大海，一只只回答哪里是个头呢？再说一只基金能不能买这个问题的答案是很简单，要么能，要么不能，但是简单的答案背后是认真的研究，在没有研究的情况下笔者实在是不敢给大家答案。

其实判断一只基金值不值得买并不会很复杂，对一只基金通过如下 5 个步骤进行过滤就可以了。

6.3.1 第一步：分清楚基金的类型

当别人推荐给你一只基金时，第一步是先分清楚这只基金是主动管理型基金还是被动指数型基金，因为对这两种不同类型的基金分析的方向是完全不一样的。

被动指数型基金：是基金公司通过资产组合模拟股票指数，投资什么、什么时候投资都和管理人没关系，基金管理人是追踪指数被动投资。

这种基金的业绩好坏和基金经理没有关系，买指数型基金其实本质上还是自己投资股市，是不是值得买要看你自己对股市的判断和自己资产配置的需求情况。所以对于这类基金，虽然有些基金公司会做一些历史业绩很牛的宣传，但那纯属忽悠，不要被骗就好。

主动管理型基金：业绩和基金经理的投资能力直接相关，和哪家基金公司相关性不大。这种基金才是委托专业人士投资股市，我们需要判断的是这个基金经理到底是否靠谱。

6.3.2 第二步：考查基金经理的赚钱能力

我们买基金的目的是什么？当然是赚钱，所以考查基金经理的赚钱能力是对基金的基本要求。考查一个基金经理的赚钱能力强不强主要有 4 个维度，分别是任职年限、绝对收益、相对收益和同类比较。

这些内容在一些基金类的网站或数据系统中都是可以轻易查到的，只要你愿意花心思，搞清楚并不难。

1. 基金经理的任职年限要 5 年以上，至少经历过一次牛熊市转换

赚一次钱容易，赚一辈子钱难。没有足够的任职时间长度，不是说你一定不行，而是我们无法对基金经理的赚钱能力做出判断。

比如最火的兴全基金的基金经理谢至宇担任投资经理 5 年，管理过 2 只基金，经历过一次牛熊市转换，任职经历勉强合格。

现在在发行的一只叫作交银施罗德品质升级的基金，其基金经理韩威俊投资经理任职年限只有两年，虽然这两年他的投资业绩也很不错，但是仍然不符合购买的要求，如图 6-3 所示，我们没有义务拿自己的钱去帮基金公司培养新手，不是吗？也许他在将来的业绩很伟大，但是首先得用足够长的时间去证明。

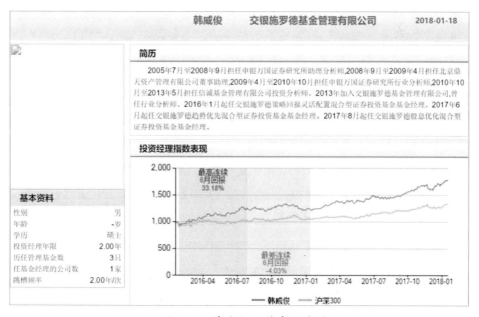

• 图 6-3 基金经理韩威俊资料

2. 基金经理管理的基金 3 年累计收益为正

这一点看上去很傻，但是却很重要。如果一个基金经理管理的基金 3 年下来都没有赚到钱，那么这个基金是不能买的，即便它的基金净值很便宜，如图 6-4 所示。

序号	代码	名称	现价	日回报	年初至今	成立以来
1	001184	易方达新常态	0.4730	-1.46%	-2.67%	-52.70%
2	001239	长盛国企改革	0.4850	0.00%	4.08%	-51.50%
3	001152	融通新区域新	0.5450	-1.62%	1.11%	-45.50%
4	001227	中邮信息产业	0.5450	0.37%	-0.73%	-45.50%
5	001268	富国国家安全	0.5680	-0.87%	-2.91%	-43.20%
6	001297	平安大华智慧	0.5750	-2.04%	0.52%	-42.50%
7	519651	银河转型增长	0.6090	-0.98%	1.00%	-39.10%
8	001225	中邮趋势精选	0.6230	0.16%	4.53%	-37.70%
9	001322	东吴新趋势价	0.6310	-0.47%	-7.07%	-36.90%
10	001349	富国改革动力	0.6330	-0.31%	-3.06%	-36.70%
11	001135	益民品质升级	0.6340	-0.94%	3.43%	-36.60%
12	080015	长盛中小盘精	0.7900	-0.25%	1.15%	-36.19%
13	001150	融通互联网传	0.6390	-1.08%	1.43%	-36.10%
14	001128	宝盈新兴产业	0.6450	-0.62%	2.22%	-35.50%
15	590002	中邮核心成长	0.6729	-0.43%	1.80%	-32.72%
16	001210	天弘互联网	0.6804	-1.63%	0.41%	-31.96%
17	519170	浦银安盛增长	0.7000	-0.28%	-3.18%	-30.00%
18	001121	东方睿鑫热点	0.7008	-0.53%	0.76%	-29.92%
19	001305	九泰天富改革	0.7080	-0.42%	2.31%	-29.20%
20	001515	平安大华新鑫	1.2610	-0.63%	2.44%	-28.88%

• 图 6-4　某基金经理管理的基金

虽然在基金的报告中基金经理会找很多客观理由，但是假如你把钱给你的朋友帮你炒股，第一年亏损，忍了，第二年亏损，继续忍，第三年还亏，那么你会怎么样？亲兄弟也得反目成仇，更何况是一个不认识的基金经理呢？

记住上图中的基金和他们的基金经理，你可以永久性地将其拉入黑名单了，虽然可以狡辩说刚好成立于市场顶部，但是谁也没让你在顶部买。再说，即便在顶部买了，现在差不多 3 年了，基本上 3 年累计下来收益不太可能为正了。

一个好的基金经理是要懂得审时度势的，否则买基金干什么？大家都买过乐视，但是有的投资者将基金拿到了现在，而有的投资者却早早高位获利了结离场，这就是其水平的差距。虽然都在 2015 年 5 月买了股票，但是有的净值早已创新高，有的却越走越差。

3. 基金经理的管理业绩要跑赢沪深 300 指数

沪深 300 指数是市场的平均水平，如果基金经理的管理业绩跑不赢沪深 300 指数，那么大家也就不必买主动管理基金了，买个指数就行，也不用分析这么详细。持续跑赢指数相对容易得多，中位数以上的基金都是跑赢的。这一条是硬指标，不合格就只能被淘汰。如图 6-5 所示，成了十多年，一直跑不赢指数，而且近期越来越差。如图 6-6 所示，长期下来差距巨大。

• 图 6-5　基金经理的管理业绩跑不赢指数示例

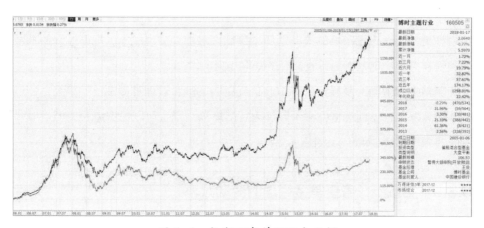

• 图 6-6　长期下来差距巨大示例

4. 基金经理的管理业绩在同类排名中持续半数以上

除了能赚钱、能跑赢指数，基金经理管理的基金在同类排名中还要在半数以上。因为笔者说过跑赢指数在国内并不难，管理业绩能跑赢指数的基金经理还是很多的。因此在这个条件之下再加一层同类平均数。

6.3.3　第三步：考查基金经理的风险控制能力

通过了对赚钱能力的考查基金，我们继续进入第三步即对风险的考查。

当然，你可能会问，既然这么能赚钱，考查风险还有什么用？用处大了，如果基金经理赚钱能力强，风险控制能力却不行，最后基金净值涨了，但中间的波动过程却超出了其心理的承受范围，那么最终你会被震荡出局而不会赚到钱。

考查风险控制能力有很多指标，标准差、夏普比率等都比较专业，不适合普通投资者。普通投资者考查最大回撤就可以，如果这个最大回撤不超过自己的心理承受范围，那么这个风险控制就算过关了。

最大回撤是多少可以因人而异，笔者的建议是不超过 25%，基金很多，我们不妨苛刻一些。

6.3.4　第四步：考查影响基金经理发挥的外部因素

通过上述 3 步的基金经理都比较优秀，但是优秀归优秀，一些外部因素还是会限制其能力的发挥，最典型的局限因素是基金的规模。

过大的基金规模管理难度也会很大，按照基金投资分散化要求，其可选择的投资标的范围、进出市场的流动性压力等都会增加其交易成本。规模过大的基金不见得收益就一定差，但是收益好的却很少见。

随着中国市场的发展，目前 100 亿元以内的基金管理难度都还不算大，超过 100 亿元以上，管理难度就会不断加大。虽然兴全基金可以投资港股，但是最终的收益表现估计很难十分突出。

6.3.5　第五步：考查基金经理的变动频率

考查基金经理的变动频率是最后一步，但是如果对这一步没搞清楚，前面 4 步就都白费了，因为有时你分析了很长时间，发现没过几天基金经理换人了。

这一步很简单，看基金管理的历史就可以了，看看你要买的这只基金的基金经理变动的频率。如果一个基金的经理人每年都换，或者一个基金经理年年跳槽，就需要实时盯，换一个基金经理就要重新分析，申购、赎回又涉及费用，不划算。

一只基金的换人频率最低限度为平均两年，而基金经理的跳槽频率不要低于3 年。

 6.4 在现有的证券市场环境下，我们需要注意这些事

"指数基金"号称股票市场投资神器，不但有美国市场几十年的数据验证，还有巴菲特为它背书。尤其是自 2019 年以来，很多基金都跑不赢指数。那么我们需要注意什么呢？

6.4.1 指数基金为什么在 A 股不好使

指数基金真的那么牛吗？确实，它在美国这样的成熟市场中的确很牛。长期来看很少有主动管理型的基金能够跑赢指数基金，更不要说主动管理型基金的平均水平了，更是被指数基金甩出一条街。

然而，学习外国先进市场投资经验时，我们不能只知道天是蓝的，更要知道天为什么是蓝的，否则即便指数基金这种看上去这么牛的东西，到 A 股来也一样水土不服。

在 A 股市场中，指数基金长期来看，就偏偏跑不赢主动管理型基金。即便最近几个月很牛也没有用，因为无论在数据上还是在逻辑上，指数基金投资对 A 股来说都没有任何优势可言。笔者从如下两个方面进行具体分析。

1. 用事实说话

笔者筛选出了全部发行运作超过 10 年的偏股型基金，这样的基金一共有 228只，然后分别计算了这些基金每个年度的净值涨幅，最后算出这些基金的平均收益率水平和收益率的中位数。

在过去的 10 年里，这些基金的平均收益率复利年化报酬率为 7.53%，投资10000 元，10 年后增值至 20063 元；这些基金的收益率中位数 10 年复利年化报酬率为 6.83%，投资 10000 元，10 年后可以增值到 19356 元。而同时间段的嘉实沪深 300ETF 连接基金 10 年年化报酬率仅为 6.53%，10000 元的投资 10 年仅增值到 18818 元，低于主动型基金的平均水平，也低于中位数水平。

这表明从长期来看，指数基金在 A 股既跑不赢主动管理基金的平均水平，也跑不赢中位数，这意味着绝大部分主动管理基金比指数基金强。

所以，事实胜于雄辩，再好的投资品种，不经过数据验证就直接拿来用也是很容易入坑的。在数据事实的验证下，不用讲原理，对指数基金的认知就可以帮助我们了解哪些理财专家更靠谱。

2. 讲完事实，看逻辑

为什么打遍天下无敌手的指数基金会在 A 股市场中折戟沉沙呢？难道是因为中国的基金管理者比美国基金管理者牛吗？显然不是的，这是由股票市场投资结构决定的。

所谓指数其实就是市场上所有交易者交易的平均结果。在美国市场中，因为机构投资者的交易量占全市场的 9 成，所以美国的股票指数天然地就成为机构投资者的平均水平。美国的基金经理跑不赢指数与其说是被市场打败还不如说是被自己打败，因为很少有人能够持续地跑赢包括自己的平均数，更何况还有管理费用上的差异。这是在美国指数基金牛的最重要原理，而这个原理在中国也是一样的。

中国的股票指数也是市场上所有交易者的平均结果，但是我们这个市场中的交易量 9 成来自散户。因此我们的股票指数更多地反映出散户交易的平均水平。这个原理在中国应该被描述为，大部分散户长期来看跑不赢指数，而公募基金这些机构相对散户有明显的优势，他们战胜指数仅仅是战胜散户，要容易得多。

所以在中国，指数基金跑不赢主动管理基金也就不足为奇了，事实上，跑赢指数这件事可以作为选择主动管理基金的一条标准。如果一个机构在 A 股连指数都跑不赢，那么意味着这个机构的资产管理水平还在散户平均以下，这样的基金显然是不合格的。

除了平均数原理，指数基金在中国无效的另一个原因是市场独特的估值体系。我们熟悉的沪深 300 也好，标普 500 也好，本质上都是一种市值配置策略，都是全市场的大型股票或交易量大的股票。

在美国，大盘蓝筹的估值高，中小盘低，而 A 股恰恰相反。这就使得在 A 股市场中，以市值作为配置策略就不是一个好的选择，所以有很多其他的策略都可以跑赢指数。所谓买指数基金，不过就是坚持一种选股策略罢了，在 A 股市场中，市值和规模这样的策略不一定有效，那么我们为什么要迷信指数基金呢？

好了，摆事实，讲逻辑，指数基金在 A 股行不通这件事是没有疑问的。我们的理财知识和观念绝大部分是从美国学来的，但是很多美国的东西不一定都适用于中国，指数基金只是其中之一。

任何事物都有一个发展的过程，希望指数基金在中国越来越成熟，越来越吻合中国市场的发展，这样大家就会多一个赚钱的渠道。

6.4.2 选基金如何跑赢大市？这是一条捷径

股市火热，很多粉丝问笔者如何挑选出好的股票型基金。对于这个问题，我们首先要定义什么是好基金。所谓好基金，并不是指每时每刻都要赚钱的基金，而是指能够跑赢大市的基金。这个大市不是指指数，而是指股票型基金的平均水平。当然，对于"大市是指基金的平均水平"，你可能会质疑说，选择指数基金不就好了？没必要选择主动型。

确实，很多教科书都是这么教育我们的，选指数基金是选择基金的最佳策略，尤其是今年以来这种行情，更是加深了这种印象，但笔者要说的是，这事放在成熟市场自然有效，但是放在 A 股还需认真研究。

事实上，当你把时间拉长，在长期内主动股票型基金的平均收益水平是超过指数的。这其实很好理解，指数的本质是全部市场交易者交易的最终结果，国外都是机构，所以主动管理型在长期跑不赢指数很正常。

但 A 股是散户占大多数，公募基金全算上也不过占市值的 4% 左右，比散户至少低了十个百分点。把散户和机构放在一起算出的平均数，那么机构赢得多还是散户赢得多？这不用怀疑。

我们确定了选择好基金的目标就是寻找一组能够跑赢基金平均收益水平的基金，那么这个选择策略就有很多，其中一条捷径，也是跑赢的水平比较高的一种策略就是，选择女性基金经理管理的股票型基金。对，你没看错，这个选择策略只有一条，就是选女性基金经理。

在国外早就有了相关研究：2001 年在经济学顶尖期刊 *QJE* 上发表过一篇研究性别、过度自信与股票投资的著名文章，主标题就叫 Boys will be boys

（男孩就是男孩）。在股票投资中，女性的投资净收益大约会领先男性 1%。再细分样本后发现，单身男性的收益比单身女性少 1.44%。

于是，笔者进行了简单的研究后发现，这个规律在 A 股不但有效，而且效果很惊人。笔者排除债券、货币和指数基金，只选择由女性基金经理进行管理的普通股票型基金，如图 6-7 所示。

选出基金数：84　导出数据　添加指标到表格：✔任职状态　✔基金经理性别　+　基金代码/名称 快捷键

序号	基金代码	基金简称	最新净值(元)	日增长率(%)	最新净值日期	任职状态	基金经理性别	区间涨跌幅·场外(%) ⓘ		投资类型(二级) ⓘ	投资类型(一级) ⓘ
								2018.03.08-2019.03.07	2016.03.08-2019.03.07		
1	000082.OF	嘉实研究阿尔法股票	1.2700	-1.09	20190307	在职	女	-4.54	35.56	普通股票型基金	股票型基金
2	000418.OF	景顺长城成长之星股票	1.7380	-0.66	20190307	在职	女	-2.47	47.66	普通股票型基金	股票型基金
3	000831.OF	工银医疗保健股票	1.4060	-1.33	20190307	在职	女	-6.64	23.55	普通股票型基金	股票型基金
4	001009.OF	上投摩根安全战略股票	0.8640	-1.14	20190307	在职	女	-11.02	5.62	普通股票型基金	股票型基金
5	001039.OF	嘉实先进制造股票	0.7940	0.51	20190307	在职	女	-10.59	14.91	普通股票型基金	股票型基金
6	001042.OF	华夏领先股票	0.5590	0.00	20190307	在职	女	-14.13	-18.27	普通股票型基金	股票型基金
7	001044.OF	嘉实新消费股票	1.3220	-1.78	20190307	在职	女	-8.51	57.57	普通股票型基金	股票型基金
8	001167.OF	金鹰科技创新股票	0.6050	-0.33	20190307	在职	女	-9.02	-0.49	普通股票型基金	股票型基金
9	001171.OF	工银养老产业股票	0.8030	-0.74	20190307	在职	女	-2.07	34.51	普通股票型基金	股票型基金
10	001193.OF	中金消费	0.7070	-1.26	20190307	在职	女	-6.85	-2.62	普通股票型基金	股票型基金
11	001245.OF	工银生态环境股票	0.6440	-1.38	20190307	在职	女	-14.70	-17.01	普通股票型基金	股票型基金
12	001277.OF	博时国企改革股票	0.7730	-0.26	20190307	在职	女	-7.65	10.59	普通股票型基金	股票型基金
13	001496.OF	工银聚焦30股票	0.6780	-1.02	20190307	在职	女	-5.57	-13.08	普通股票型基金	股票型基金
14	001528.OF	诺安先进制造股票	1.4130	-1.60	20190307	在职	女	-5.74	55.62	普通股票型基金	股票型基金

• 图 6-7　由女性基金经理进行管理的普通股票型基金

这样的基金一共有 84 只，这 84 只基金在过去的一年里，平均净值回报率是 3.26%。接着笔者把性别选项取消后，全部普通股票型基金的收益率在过去一年里是 6.14%，女性基金经理的业绩领先 9.4%。

如果我们把时间再拉长到 3 年，那么在过去的 3 年里，由女性基金经理管理的股票型基金平均收益率为 27.46%，而全部基金的平均水平只有 19.96%，女性领先平均水平 7.5 个百分点。

这样的领先幅度无疑是惊人的，甚至好于用很多复杂基金筛选策略选出的基金组合的表现。那么问题来了：为什么女性管理基金收益会有这么显著的差异呢？笔者能想到的至少有如下 3 个原因：

1. 女性的性格内敛，过度自信的程度更低

研究表明，计算交易成本后，投资股票最大的收益杀手就是过度交易。那么是什么引发的过度交易呢？其背后的最大心理因素就是过度自信。

男生比女生要调皮、好动，更加过度自信，因此他们的交易频率更高。从数据上看，男性平均比女性多交易 45%，而单身男性比单身女性交易频次更是高出 67%。所以，判断是否正确先放一边，在交易成本上，男性就已经输给女性了。

2. 女性天然缺乏安全感，投资偏保守

笔者很久以前在写到婚姻关系时，就提到了女性最关注"安全感"，因为在长期的进化过程中，我们每个人都是早产儿。女性要在孩子的抚养上消耗大量的精力，在这一期间她们需要安全的环境。对安全感的追求自然会从抚养子女延伸到其他领域，高风险的股票投资也不例外。

当然，在国内有一类被称为大妈的投资者经常被嘲笑，似乎这些投资者就是"韭菜"的代名词。但是，在嘲笑大妈的投资时扪心自问，你们的投资收益就真的比这些大妈要好吗？事实上，那些赌博破产、炒股跳楼的有哪个是女性？很少很少。

为什么？因为女性的投资是优先考虑安全感的，她们的投资偏保守，相应的赌性也就比男性低，而这一点在股票投资中非常重要。在管理基金中，相对保守的风格在时间的催化下，就会变成巨大的收益差距。

3. 女性的敏感直觉，在基金管理中占优势

女性的直觉先天比男性敏感，而投资又经常被称为一门艺术，有的时候直觉比逻辑更重要。当然，投资并不是一直靠直觉就可以的，如果你只靠直觉投资而完全不顾逻辑，那么当然是不行的。但是女性基金经理不仅有直觉的优势，在机构中她还可以共享团队的研究能力。

也就是说，在逻辑上和男性基金经理站在同一个起跑线上，此时直觉的边际优势就体现出来了。女性的这一点优势对于散户怕是比较难发挥作用，但是在机构里就完全不一样了。所以说，选基金如何跑赢大市？很简单，选择一组由女性基金经理管理的基金就好了，这是一条选基金的捷径。

6.4.3 在市场环境下，我们的基金该如何操作

前段时间一个在某大型银行做理财经理的朋友来拜访笔者，坐下来没一会儿就开始大倒苦水。眼看着股市上涨，却不敢卖基金，于是导致基金任务完不成。如果股市在下跌，那么基金任务完不成还能找个客观理由解释过去，但是股市天天涨，这个护身符也就没有了。

这不仅是敢不敢卖基金的问题，作为理财经理自己哪有不买基金的？事实上，虽然股市在上涨但自己的基金还套着呢。自己都没胆加仓，怎么敢去推荐客户买

呢？其实这位朋友的问题还是挺典型的。

这不仅是一个卖家的问题，更是一个买家的问题。在当前市场情况下，我们如何安放我们的基金呢？完全不动吗？毕竟市场有这么大的波动。如果动一下吧，那么对这样的波动还真的没有信心。虽然市场上的机构整天说牛市要来了，但是他们去年也这样说，前年也这样说，大前年……总之，天天说牛来了，但出门总是碰上熊，谁又真的敢相信呢？

的确，对于现在的市场基金该怎么操作这样的问题是很难回答的，这不仅是能不能准确预测市场的问题，而且每个人的情况都千差万别，也不可能有一个放之四海而皆准的答案。

虽然没有一个固定的答案，但是在相对科学的思路下，每个人还是可以根据自己的情况得到想要的答案。在现在的市场环境下，我们的基金该如何操作？大家可以按照如下次序进行"三看"，最终你一定可以找到最合适自己的处理方法。

1. 第一个"看"：看自己

不管市场怎么波动，如果你一分钱都没有还欠一屁股债，那么很显然，这个市场波动就和你一点关系都没有，至于未来股市是涨还是跌也就不用去考虑了。

所以，市场波动这件事始终是外物，所有的投资最终还是要先和自己切合。那么"看自己"，到底要看什么呢？看自己过去的资产配置规划。具体到基金这块，就是看过去自己有没有一个基金投资策略。定投也好，固定比例也好，如果你已经有了一个策略，并且现在的市场并没有出现足以使这个策略发生变动的情况，那么就直接按照固有的策略走，没有必要考虑当前市场的波动了。

比如，过去你按照一个固定的规则选择了一个由 5 只基金组成的组合，然后对该基金进行定投。这个投资策略在买入的环节中不择时，只有一个卖出规则：当 HS300 指数市盈率达到或超过平均市盈率的一个标准差时卖出。

在这样的规则下，当前的市场波动显然没有超出策略的适用范围，所以按部就班继续定投就行了。当然，大部分人的情况可能是根本没有想过基金投资策略的问题，之前买基金完全是凭着一股冲劲。如果你是这样的情况，那么现在对你来说最重要的就是建立自己的基金配置策略，并根据策略进行基金持仓的调整。

2. 第二个"看"：看品类

如果你还没有一个可靠的基金投资和配置策略，那么第二个"看"就是看品类，即先考虑基金购买的上限问题。也就是说，你的可投资资产中股票型基金最多可以买多少。那么我们股票型基金最多可以买多少呢？考虑如下两个问题。

第一个问题：我们可以用来投资的资金中有多少是中短期需要用的，这部分钱不适合购买股票基金。这部分钱可能是你做生意的流动资金，可能是你还房贷的资金，也可能是孩子的教育资金。总之，可预见的中短期需要使用的这部分钱都不适合买股票型基金。将这部分钱乖乖地去做固定收益投资就好了，别想着去赌，久赌必输。

第二个问题：我们对资产组合的最大可承受亏损比值是多少。基金投资成功获利的关键并不在于短期的波动，而在于长期的配置。即使你任意地丢飞镖去选择一组基金投资，随着时间的延长，你的获利概率也是不断上升的。这很简单，但是却很难做到，或者即便做到也痛苦不堪。原因在哪里？就在于投资前没有先好好衡量一下自己的心理承受范围。对于一个长期投资，当亏损多少的时候你会感觉到绝望？ 30% 还是 50%？都可以，因人而异。

不过笔者建议的是，对这个评估尽量保守一些。因为在你没有真实发生这些亏损的时候，对风险的感受是相对良好的，所以，如果你在亏 50% 的时候会感觉到绝望，那么笔者建议你把这个数值缩小到 30%，这样可以确保自己无论什么时候，对资产组合的未来都会充满希望，而这个希望对于基金能够在未来获利至关重要。

当我们衡量了自己的最大可承受亏损范围之后，我们就不难算出在可投资股票型基金的资产中，最大可以投资这些基金的比例。比如，A 股未来有可能下跌 60%，而我的心理承受范围是 30%，那么这笔钱用于投资股票型基金的比例最大就是 50%。

有了前面两个衡量，我们就可以知道，在当前市场情况下，我们是该买入还是该卖出。如果经过计算，你的基金持有规模已经超过了最大值，那么现在的市场反弹，就是你卖出的好机会。如果没有达到这个上限，也就是说你还有买入增持的空间，那么恭喜你，进入下面即最后一个"看"。

3. 第三个"看"：看市场

当我们根据自己的实际状况对基金投资有了清晰的认知后，思考市场的状况才有意义。那么，我们怎样去看市场呢？

如果是投资股票型基金，那么你买入的标的不应着眼于当期的市场波动，而是应该着眼于星辰大海。说白了，就是要着眼于远期的趋势目标，而不是当下的波动。

照这样说，岂不是我们可以不关心当下的波动，那么还哪来的春季攻略呢？没错，如果你的基金配置有既定策略或者基金购买已达到上限了，那么你确实没有必要去关心当下的短期波动，但是如果你没有既定策略，而现在准备建立策略，或者没有达到购买上限现在需要增仓，那么你就要关心短期波动了，因为短期波动带给你的是交易时机。

比如，某年春节过后创业板一路狂飙，涨幅明显高于主板和大盘蓝筹，而我们在选择基金的时候是着眼于未来的星辰大海的，这个星辰大海是什么呢？那就是全世界的股市，不仅是欧美这些成熟市场，即使印度这种非成熟市场，统统都是大盘蓝筹估值远高于小盘，那么凭什么在 A 股就完全相反呢？

基于市场国际化的进程，笔者能判断，投资大盘蓝筹在不远的未来会有超额收益，这个超额收益一边来自规模优势下的利润增长，一边来自估值结构与国际接轨。

在这种情况下，当前创业板这种反弹就给了大家一个调整基金持仓的机会：卖出中小创的基金，买入大盘蓝筹。当然这只是当下的一个基金调整和交易的角度，我们还可以把星辰大海的坐标设置在其他相对确定的目标上。

这些目标是什么？大家可以有自己的看法，只要逻辑可靠就可以，着眼于星辰大海的投资很难亏钱，因为时间是你的朋友。

关于思考的流程讲完了，其实除了股票和基金，在这个全球环境转折的一年里，重磅的投资机会远远不止股市这一条。

6.5 为什么你买基金总是亏钱？原来是这样

笔者有一个朋友，他买了一堆的基金，最近股市来了个绝地反弹，本来应该是一件值得高兴的事情，但他看了一下手上持有的基金，离回本还有很大距离，就又心灰意冷了。

他每次看完自己的基金持仓，都会忍不住埋怨某某银行的理财经理，即使那段时间基金涨了也不例外。现在，买了 A 股基金的大部分人状态都和笔者的这位朋友差不多，基本上处于亏钱的状态。

在这种状态下埋怨理财经理也是可以理解的，毕竟人性总是倾向于把错误归结于外部因素，把功劳归结于自己，这无可厚非。但是很明显，当一件事情成为普遍现象时，就不是靠某一个人是不是坑人能解释的，当把这件事当成一个整体来看待的时候，就会发现，理财经理在你持有的基金亏损这件事上能发挥的作用，其实微乎其微。

为什么多数人买 A 股基金都亏钱？投资者投资 A 股基金首先要想清楚如下4 件事，才能有针对性地制定策略，真正赚到钱。

6.5.1　基金提供的市场环境影响

如图 6-8 所示为 A 股走势，其特征很明显，A 股市场是一个不成熟的市场，与美股呈现出的特征有明显差异。

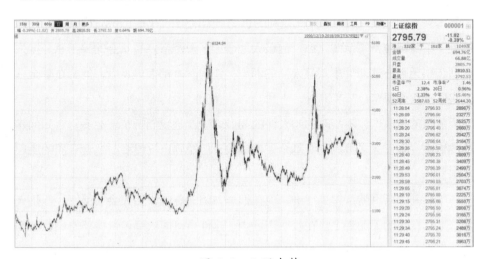

• 图 6-8　A 股走势

A 股是否在涨？当然在涨，如果回溯 5 年、10 年，那么年化收益率有 9%，不算低的。仅仅看这个数据，似乎 A 股也不错，但问题是 A 股这种不成熟市场还有一个更要命的特征，即 A 股的主要涨幅主要是靠其中 20% 的时间贡献的，而在其他的时间里，A 股要么在下跌，要么走在要下跌的路上。

所以，在一个 80% 的时间都是下跌的市场中，我们买基金能感觉到赚钱的时候概率就很低，再加上亏钱的损失感是赚钱带来的喜悦感的两倍，那么在这个环境下买基金不赚钱就成为普遍认知。

6.5.2 个人决策的限制

在投资中有一条规则：我们不可能总是买在市场底部。虽然凭借运气我们偶尔可以买到市场的底部，但在绝大多数情况下是没有这么好运的，不管你分析得多透彻，也没有人敢说他能预测出市场底部，看看每次股市底部的成交量就知道了，买在那里的幸运儿少之又少。

既然我们没有能力买在市场的底部，那么也就意味着买了基金后，在一段时间内发生浮动亏损就是一个再正常不过的事情了。如果有人告诉你，他买基金每次买了就赚，那么基本上可以断定这个人是个骗子。

6.5.3 我们很难持有到能赚钱的那一刻

本来人们对损失的厌恶就比盈利的感受强烈两倍，再加上市场环境 80% 的时间处于下跌或准备下跌的状态，这极大地增加了投资者持有基金的痛苦感。损失厌恶和缺乏耐心这两件事都是人性的弱点，任何一个都很难克服，何况在基金上又来了一次叠加呢？

能改的是缺点，不能改的叫人性的弱点。这就是我们听了那么多基金如何赚钱的讲座，有那么多数据证明基金如何赚钱，但轮到自己投资时就会亏损的底层逻辑。

用马云的话讲就是过去很难，现在很难，明天更难，后天会很美好，但是大部分人倒在了明天的晚上。在股票市场中，这件事可能比马云说得还严重，因为这句话会变成：去年很难，今年也很难，明年会更难，后年会很好。

6.5.4　8020 法则在投资者中间也起作用

这一点很好理解，不但在投资市场中永远只有少数人能赚到钱，在任何的领域其实都是一样的。

不管市场有多么成熟，市场是涨还是跌，但只要它是波动的，在面对这些波动时，最终的头部获利者都是 20% 的人。而往往只有赚了钱的人才会到处和人说，这就会让你感受到，好像赚钱的基金总是别人的，自己一买就亏，极端一点甚至会说成基金都是骗人的。

搞清楚基金投资总是亏钱的原因后，我们才能有针对性地制定基金投资的策略，按照自己的情况设计比较适合自己的投资策略。

1.　测试一下自己对损失的厌恶程度

每个人对损失的厌恶程度是不同的，有的人是天生的赌徒，对风险的承受能力就会强大一些，而有的人天生对损失的厌恶程度高，对风险的接受能力就会小一点。

搞清楚自己的损失厌恶程度对基金投资非常重要，这决定了你是否能够有足够的心理承受能力熬到那 20% 的时间。那么到底如何搞清楚这件事呢？方法是，你就问自己一个问题：如果自己有 10 万元，那么你亏多少的时候会感到绝望，觉得再也没有机会赚回来了？

这个数值可能是一万元也可能是两万元，总之它有一个心理界限值，这个界限值就是你投资策略中所能承受的最大亏损幅度。

2.　测试一下自己的基础资产配置比例

我们通过自我测试了解了风险厌恶之后，就可以通过一个基础资产的配置比例来使我们投资基金组合的最大风险处于这个值以下。

比如，经过测试，笔者的数值是 20%，现在要投资 100 万元在股票市场基金上，那么我的初始投资在股票市场的投资比例就不会超过 40%，其余部分投资于安全的固定收益产品，这种产品也可以是货币或债券基金。

这样，算上这部分利润，该投资组合即使经历一次 2007 年崩盘，整个组合的最大损失也不会超过 20% 的心理极值。

3.　根据市场的发展对投资比例进行调整

通过上述两步，我们进行了对股票基金的初始投资，这个投资虽然满足了我们心理极值的要求，能够保证我们不会因绝望而被淘汰出局，但是可能会有疑问，这么做虽然风险低，但是也降低了未来的收益，不是吗？对的。如果该组合一直保持这样的比例，那么收益确实会受到影响。

不过这只是初始投资比例设置，并不是永远的比例，当市场出现有利于我们的变动时，这个比例是可以调整的，随着比例的调整，我们甚至可能出现百分之百投资股票基金的情况。

怎么调整呢？很简单。当我们的基金赚钱时，我们对赚钱部分的心理评价和对本金部分的心理评价是有明显差别的。一个普遍的规律是，对于从股市中赚来的钱更容易花掉。这个规律的背后其实体现出的就是对于投资收益，我们的风险厌恶情绪要比对本金弱得多。

所以在调整前，还是先要对获利部分的风险厌恶值进行测试，比如，你有100万元，其中40万元用于买股票基金，半年后，这40万元的股票基金赚了10万元，变成了50万元，那么对于多出来的10万元，你亏多少会觉得不心疼？这个数值也会因人而异，有的人全亏回去也承受得住，有的人亏一半就受不了了，这是正常的，按照自己的心理承受能力来即可。

比如，笔者就属于全亏了都无所谓的人，那么此时可以把这10万元钱加入风险底线之中，这时对于总金额110万元，笔者的风险承受极限就变成了负27.3%，按照这个比例，就可以重新分配资金比例。

这时还可以把110万元的总资产中54.6%的部分变成股票基金投资。如果你对利润回吐的承受能力是50%，那么这个比例就是45%，总之随着股票基金有盈利，你可以逐步提高自己股票基金的占比，直到全部卖出为止。

4. 投资策略要能够不断给未来获利留下希望

对基金定投这件事笔者以前批判过，如果以纯理论数据计算，那么这个傻瓜策略确实很傻瓜，但这个批判是站在机器人的角度去说的，一旦你把人性的因素加入进去，基金定投的作用就无可取代了。

它一边通过自动扣款强制你储蓄，一边通过不断的投资给你的未来提供获利的希望，可以同时帮助你理顺两种人性的弱点，这种有用的东西算是独此一家了。如果把上述计算再以叠加定投的方式进行，那么你的胜算就会更大。

第 7 章

黄金理财：机会垂青于会投资的人

俗话说"盛世收藏，乱世黄金"，黄金作为市场投资的"硬通货"，既具有衡量一切商品价值的权威，同时也是投资理财的理想工具。无论是上涨还是下跌，黄金白银的价值永远都不容忽视。

本章主要从 5 个方面具体分析黄金理财，希望帮助大家更好地进行黄金投资。

7.1 实物黄金那么贵，为什么还要买

从理财的角度来说，实物黄金和账户贵金属、黄金 TD 等交易类黄金相比确实贵不少，所以也有人说，作为投资或资产配置来说，买账户黄金就够了，更极端的甚至把实物黄金说得一无是处。

然而事实真的如此吗？如果真的是这样，为什么还有那么多人在银行买实物贵金属呢？不仅是买，还一年比一年买得多。存在即是合理的，甚至从长期投资和资产配置角度来说，买实物黄金甚至无比正确。笔者将从如下 4 个方面具体分析。

7.1.1 长期投资才能良好发挥黄金的作用

首先，在家庭资产配置中，黄金发挥的作用需要长期投资才能良好发挥。有一个通用的说法，黄金是资产的保险，家庭资产中应该配置 5%~10% 的黄金。什么叫资产的保险呢？就是指当发生极其重大的风险事件时，可能你的所有资产都灰飞烟灭了，剩下的黄金将是你资产的全部。

黄金对资产的保险作用对于财富的传承是很重要的。俗话说，"富不过三代"，为什么是富不过三代？真的是到了第三代就很败家吗？不是的，主要是时间跨度问题，系统性的风险很难去规避。对于三代一百年这样的时间跨度，什么事情都有可能发生。

还有一个说法是黄金具有抗通胀的作用，那么黄金到底有没有这个作用呢？短期看不好评价，但从长期看抗通胀是存在的。1972 年，布雷顿森林体系崩溃，黄金价格自由浮动，开始从 35 美元到现在的 1280 美元，45 年间提供了 8.3% 的年化报酬率，比平均通胀水平还略有盈余。

黄金的短期波动比较大，短期持有只能用来投机，是无法发挥黄金抗通胀和

资产保险的作用的。当然，投机也没有错，只不过是另外一门技术罢了，不属于理财资产配置的范畴。

7.1.2　买实物黄金才能发挥长期配置的作用

想想，一个成功的长期投资最大的障碍会是什么？是判断会错吗？显然不是的。你让我判断一年后黄金价格是涨是跌我可能说不上来，但是 20 年后，100 年后呢？这很简单，肯定是涨的。

就像对某样东西长期看涨的专业一样，只要足够长期，那么错的概率是很低的，这样的判断根本没有技术含量，使用基本常识即可。既然判断不是最大的障碍，那么什么是最大的障碍呢？就像贵州茅台的股票一样，相信很多人都买过，但是为什么只有极少数人能够持有到今天呢？因为很多人都中途卖了，受不了中途的颠簸。

所以，长期投资成功的最大障碍不是判断市场，也不是没有动手参与，而是长期这两个字本身，说白了就是坚持。

"坚持"二字很简单，但知易行难，因为它是反人性的。尤其是在一个长期投资过程中，我们会经历贪婪、恐惧等各种考验，想长期持有的确不是一件简单的事。如果你真的能做到坚持，那么不管你做什么都会有一个不错的收获，哪怕就是看金庸小说，有人看上 20 年，然后做一个名为"×××读金庸"的公众号，也可以身家过亿。

坚持这么难，又要经历如此多的人性考验，怎么才能做到呢？方法只有两个：自律和他律。自律依然很难做到，对大部分人来说是做不到的，短期自律靠反省，长期自律就要靠信仰了，毕竟有信仰的是少数人。所以对大部分人来说，长期坚持一件事情就只能靠他律。

如何才能做到他律？很简单，有两个方法：建立他人监督执行的规则或提高不坚持的成本。如果让你坚持 10 年，每天写一篇 1500 字的文章，显然这很难做到，但是如果你的领导让你每天写一篇 1500 字的业务通报报告呢？你只要不调离这个岗位就肯定能坚持，因为这是规则，并且有领导看着你做。

对于长期持有黄金，没人逼你持有，无法建立规则做到他律，那么只有提高不持有的成本。这时实物黄金变现成本高、变现难度大的特点就恰好成为促使你长期持有黄金不可或缺的一个因素。

想想，如果是纸黄金或交易所那些交易的黄金，变现极其容易，成本还很低，你能持有多久呢？稍有个风吹草动就赶紧走人了吧？

想想为什么买房子的都赚钱，真的是房子没跌过吗？不是没跌过，而是扛过去了，长期持有是一个重要因素。很少有人拿房子炒短线，怎么也得持有几年，房子的交易成本很高。

再想想股票，持有 100 元的股票，如果一个人的成本是 80 元，另一个是 150 元，那么哪个更可能长期持有？当然这个例子有点不恰当，但是确实有一些人买股票赚钱就是因为被套住了，不得不长期持有，最后很多年后翻出来才发现赚大钱了。

就像笔者上文提到的朋友，买了五粮液的股票被套了 5 年，后来把这件事给忘了，到 2006 年大家都说股市涨的时候才想起来，结果赚了 7 倍。

7.1.3 实物黄金的贵，不是真的贵

实物黄金比纸黄金看上去贵不少，其实这两者之间并不能这样去对比价格。因为纸黄金和上金所的黄金是原料金，而实物黄金是加工过的黄金。实物黄金凝结了有差别的人类劳动，这是有价值的。1 克实物黄金比纸黄金贵 50 元，这 50 元就是这部分价值。

所以，实物黄金包含了两部分价值，一部分是黄金作为贵金属本身的价值，另一部分是加工劳动的价值。因为黄金是永不变质的，所以你买了黄金首饰也好，买了黄金摆件也好，作为黄金本身这部分价值是不能算入购买成本的，而真正支付的成本就是那点差价。

这个差价成本的收益即黄金制作成产品后的使用价值，你可以通过佩戴、摆设获得精神愉悦，而你看着那些带着牙印的原料金却没有愉悦的享受。这个精神收获值多少钱？这很难衡量，但肯定是越来越值钱的。

笔者每逢节假日从不送老婆鲜花，一律送黄金花，因为笔者心里清楚，这东西看上去挺贵，其实成本很低，黄金原料部分本质上就是投资。

7.1.4 购买实物黄金作为收藏品犯错成本最低

收藏是一个很专业的活儿，瓷器、字画、书法等，让人难以辨别真伪，如果

买个假的就亏大了。

怎么办呢？买黄金艺术品。只要原料是真的，那么这东西就有保底的价值，即使其他的都是假的你也不会血本无归。原料本身价值很高，所以你也很少看见黄金造的赝品，反而青铜瓷器等原料低成本的有很多。

7.2 如何才能做好黄金交易

俗话说："沧海桑田，黄金依旧。"这句话说明黄金有价，而且价值含量比较高。黄金是一种贵金属，在人们心目中具有崇高的地位。投资者想要参与黄金投资，做好黄金交易，就必须对黄金的相关知识有所了解。

7.2.1　了解影响黄金涨跌的 3 个因素

有一次笔者出去讲课，课间的时候不小心听见，有两位理财经理在低声地窃窃私语：

"要不要推荐客户买点黄金？"

"想推荐，但是心里面有点不踏实。"

"嗯，要不再等等看吧，涨这么多太贵了。"

同样的逻辑放到另一个时间点，一样有人会有疑问。当黄金价格在 1200 美元左右的时候，又会有人问"黄金跌了这么多，还会不会再跌？"有人说"买涨不买跌"，但是笔者看到的是，大部分时候是"涨不敢追，跌不敢买"。黄金下跌你不敢买也就算了，但是黄金已经处于上涨趋势了，为什么还是不敢买呢？

如果不管是什么行情，你都不敢投资，那么结论应该是：敢不敢买与黄金的行情没有关系。投资问题上不踏实的感觉应该植根于你的认知。笔者把影响黄金涨跌的因素主要分为如下 3 个方面。

1. 没想清楚投资的逻辑思路

投资上有技术流、价值流，也有成长流，不管这些流派对不对，最怕的是你属于意识流。然而让人遗憾的是，在判断要不要买黄金这件事上，很多人恰恰都属于意识流。意识产生于直觉，而对直觉的影响最大的，有两个因素：价格和事件。

在行为金融学中有一个概念叫"可得性偏见"，意思是你更倾向于考虑你比较容易看得到的因素，而不是全部影响因素。但问题是，这两个比较容易看得到的因素又非常善变，所以直觉是善变的，而善变导致了不踏实。怎么办呢？用逻辑代替直觉，因为逻辑相对直觉要稳定得多。

比如，黄金为什么有价值？直觉告诉你黄金闪闪发光人人喜爱，逻辑告诉你黄金是迄今为止唯一能够让全人类共同认可的一般等价物。喜好变化多端，但是全人类的共同认同却要稳定得多，想想除了黄金还有什么是全人类共同认同的？

2. 惧怕波动带来的痛苦

只要你不是一个投资小白，就会出现这种情况：大家投资某个东西的价格走势刚好与自己投资的方向相反。在这种情况下，无论最后的结果是赚钱还是亏钱，持仓的过程无疑都会经历一段痛苦。

特别是当你还是一个很有责任心的理财经理时，给客户一个投资建议，客户赚钱了与你无关，客户亏钱的时候天天来问，你的痛苦和压力比客户还大。为什么初生牛犊不怕虎，而我们会怕？因为痛苦的记忆会影响我们的情绪。怎么办呢？首先要知道这个痛苦的阈值是多少，然后想办法把波动限制在这个范围之内。

你不可能对所有的波动都会产生痛苦的记忆，只有当这个波动超过一定范围时才会痛苦，可能是 5%，也可能是 10%，每个人不一样，对此大家要自己去了解和体会。找到这个值后，我们可以通过资产配置或交易中的仓位管理把波动限制在这个范围内。

其次，除了限制，我们还要像关羽那样学习他刮骨疗毒的精神，靠降低或转移注意力去降低痛苦的感受。比如你可以通过复杂化资产配置让你的注意力转移到总资产的盈亏上，而不是黄金这单单一个品种。

3. 没有清晰的底线

有一句话叫"要想打人先学会挨打"，在投资中也有一句话叫"要想赚钱先学会如何亏钱"。为什么呢？笔者觉得这里面最关键的是一个底线问题。学会挨打，可以保障你一旦失手被别人打了你有机会反击，而学会如何亏钱可以让你一旦出现了错误或意外，还有机会东山再起。

所以，在黄金投资中，大家一定要先算清楚自己在最坏的情况下会亏多少钱。

如果把这个钱算清楚了，确定能承受，那么底线也就有了，心里也就踏实了。没有底线就去投资，无异于在大街上裸奔。

7.2.2　了解黄金投资的 4 种风险

众所周知，黄金投资具有丰厚的潜在利润回报，但与此同时，绝大部分炒黄金者却忽视了黄金投资中蕴藏的风险。正是由于投资者忽视了其中潜藏的风险，才导致他们在操作中疏忽大意，屡屡误入操作陷阱，最后功亏一篑。要想成功地进行黄金投资，投资者首先必须认清黄金投资中蕴藏的各种风险，正确的投资必然基于正确的风险认识。

黄金投资与外汇、股票和期货投资一样都是高风险和高收益的活动，投资者只有充分认识到其中的风险性质和特征才能做好黄金投资。

1．不能把握市场规律的风险

有的黄金投资者在市场中凭感觉做，认为涨得差不多的时候就开始反手做空，殊不知涨了可以再涨，跌了可以再跌。例如，金市的"战争溢价"是规律，但不是马上就能在市场中反映出来的，也许有时还要滞后。所以，参与黄金投资（尤其是短线操作）的投资者必须要有充分的知识准备和国际视野，不可盲目操作。

2．市场价格波动的风险

黄金投资的风险透明度很高，它唯一的风险就是市场价格波动的风险。黄金投资不像股票那样易受人操纵。股票是有限量的，对于某只 20 亿股的股票，某个机构购买 10 亿股，就可以坐庄，而黄金在全球是一个很大的市场，仅伦敦本地的现货黄金交易量就是整个美国期货市场所有交易量的 10 倍，因此没有人能够坐庄。尽管黄金的价格也有波动，但是作为长线投资者不用害怕，黄金长期的趋势是上涨的。

3．不能生息的风险

股票、债券和外汇投资都可以带来一定的收益，比如股票的红利、债券的利息以及外汇投资的息差收益。而做多黄金则根本没有利息收益，所以长期持有黄金必然面临孳息损失，这是黄金投资者经常忽略的问题。所以在经济稳定增长时期，投资黄金没有投资股票获得的收益大。

4. 监管缺位的风险

黄金投资是世界性的，但是黄金投资市场却缺乏相应的全球性监管，这使得众多的黄金交易处于信用风险之中。

7.2.3 了解纸黄金的 5 种投资技巧

纸黄金相对于实物黄金而言，具有交易更为方便快捷，交易成本相对较低的特点，适合专业投资者进行操作。投资者在投资纸黄金前，需要掌握纸黄金的相应投资技巧，才能获得盈利。

1. 建立头寸、斩仓和获利

"建立头寸"是开盘的意思。开盘也叫敞口，就是买进黄金的行为。选择适当的金价水平以及恰当时机建立头寸是盈利的前提。如果入市时机较好，获利的机会就大。相反，如果入市的时机不当，就容易发生亏损。"斩仓"是在建立头寸后，突遇金价下跌时，为防止亏损过高而采取的平盘止损措施。"获利"的时机比较难掌握。在建立头寸后，当金价已经朝着投资者有利的方向发展时，平盘就可以获利。

2. "金字塔"加码

"金字塔"加码的意思是在第一次买入黄金后，金价上升，投资者若要加码增加投资，则应当遵循"每次加码的数量比上次少"的原则。这样逐次加买数会越来越少，就如"金字塔"一样。因为价格越高，接近上涨顶峰的可能性越大，危险也就越大。

3. 不要在赔钱时加码

在买入或卖出黄金后，遇到市场突然以相反的方向急进时，有些投资者会想加码再做，这是很危险的。例如，当金价连续上涨一段时间后，交易者追高买进，突然行情扭转，猛跌向下，投资者眼看赔钱，便想在低价位加码买一单，企图拉低头一单的金价，并在金价反弹时，二单一起平仓，避免亏损。对于这种加码做法要特别小心。如果金价已经上升了一段时间，那么你买的很可能是一个"顶"。如果越跌越买，连续加码，但金价总不回头，那么结果无疑是恶性亏损。

4. 不要盲目追求整数点

在黄金投资中，投资者有时会为了强争几个点而误事。有的投资者在建立头寸后，给自己定下一个盈利目标，比如要赚够 300 美元或 600 元人民币等，心里一直等待这一时刻的到来。有时价格已经接近目标，机会很好，只是还差几个点未到位，投资者本来可以平盘获利，但是碍于原来的目标，在等待中错过了最好的价位，最终错失良机。

5. 纸黄金赢利的基本前提

纸黄金并不在用户之间进行交易，而是在炒纸黄金者与银行之间进行交易。炒纸黄金最重要的是要把握差价。金价随着国际金价波动，银行交易与之相比往往有一个差价，人们习惯上把国际金价称为"中间价"。银行的卖价是炒纸黄金者的买价，银行的买价是炒纸黄金者的卖价。

7.3 黄金连跌 6 个月，黄金还有机会吗

前段时间，笔者早上睁开眼睛看到的第一条新闻就是黄金连跌 6 个月创历史最长连跌纪录，如图 7-1 所示。

【黄金晨报】缺乏上行动能 黄金创六个月最长连跌纪录

作者：黄金头条 | 2019-05-23 07:38

摘要：

现货黄金连续七个交易日收跌，ETF投资者也继续抛售黄金。

应用市场搜索并下载"黄金头条"APP，获取最新、最快、最牛的外汇、黄金、原油资讯和策略！

在缺乏上行动能的情况下，黄金连续七个交易日下跌，创六个月最长连跌纪录，即使美联储会议纪要发布也未能掀起金市大幅波动。

• 图 7-1　黄金晨报

　　笔者在大方向上是看好黄金的，所以看到这么令人震惊的新闻必须要赶紧核实一下，结果如图7-2所示。

● 图 7-2　伦敦金走势

　　不看不知道，一看吓一跳。就算把还没过完的5月份都算上，黄金这次满打满算也就才连跌了4个月，哪里来的6个月？再仔细看看，原来创纪录的连跌6个月发生在2018年的4月~9月，估计小编眼花了。

　　那么连跌6个月后，黄金怎么样了呢？现在已经不用猜了，创纪录的连跌后，黄金怒涨4个月，就是2019年年初的那段黄金的上涨行情。

　　所以，看到"惊悚"的新闻一定要多个心眼自己核实一下，否则装了一脑子的谣言搞投资理财，真是一件很可怕的事情。虽然黄金并没有连跌6个月，但是连续4个月下跌，也是非常弱势的，这样弱势的黄金，未来还有机会上涨吗？

　　答案是肯定的。从中长期趋势来看，甚至2019年的黄金行情，笔者依然是看好的，原因很简单，支撑黄金中长期走强的核心因素并未发生方向性的改变。

7.3.1　掌握黄金走势的核心因素是什么

　　支撑黄金走势的最核心因素是什么呢？就是全球央行货币政策的宽松转向。

自 2010 年以来，黄金的供给基本保持稳定的状态，所以我们可以把它当做一个货币政策恒定的货币，美元或者其他信用货币的货币政策波动往往就决定了黄金价格的大方向。

全球央行货币政策向宽松转向这件事虽然最近在美国有点波折，但是整体上来说，向宽松转向的大方向并没有变，如图 7-3 所示。

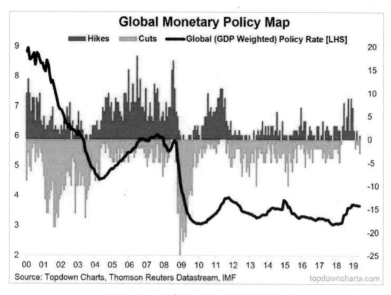

• 图 7-3　全球货币政策方向的走势

图 7-3 是按照 GDP 加权的全球货币政策方向的走势，我们可以清楚地看到自 2010 年以来全球货币政策的紧缩与宽松周期：

2010~2012 年，紧缩向上，黄金见顶 1900；

2012~2013 年的宽松方向对应了黄金的强势反弹；

2013~2015 年的紧缩周期对应了黄金的大崩盘；

2015~2018 年的宽松周期又对应了黄金从 1000 的低位到 1300 的反弹；

2018 年的紧缩走向对应了黄金创纪录的 6 个月连跌；

进入 2019 年，可以看到图中的那条黑色线，它又开始呈现出见顶回落的迹象。

看到这里你可能会问："你怎么知道一定是见顶回落的宽松走向呢？为什么不能是往上突破呢？"答案很简单，因为经济增长的长期趋势是减速甚至有可能衰退。经济转型不仅发生在中国，放眼全球都在进行利益格局和国际规则的重塑，说白了全球都在转型，一个在转型过程中的时代经济增长可能是一个扩张的趋势吗？这几乎是不可能的，没见过谁开车转弯还要猛踩油门。

转型过程会发生各种摩擦，这些摩擦将加大经济发展的成本，即使你加大油门，这些摩擦也会天然带来刹车的效果。虽然 2019 年第一季度中美欧的经济增长都超出了预期，但是这带有一定的刺激色彩，其只是大趋势下的小挣扎罢了，一旦经济看上去稳定一点了，就立刻又开始摩擦了，不是吗？

所以，在一个经济增长减速甚至到明年可能会出现衰退的趋势中，全球货币政策向宽松的方向发展是一个大概率事件。这意味着，未来黄金在大周期上涨将是一个大概率事件。黄金中长期看好，为什么现在走得这么弱呢？因为行情永远不是一蹴而就的，现在的黄金正处于大趋势下的反向小行情，这个小行情的背后有如下两个因素在支撑。

第一个因素就是我们现在已经熟知的美联储货币政策的微调。从 2018 年 12 月到 2019 年 3 月，市场对美联储货币政策的预期从加息 3 次到降息 1 次，转变之快在笔者的职业生涯中仅 2008 年金融危机前后见到过，这次是第二次。

然而，看来看去真的没有发生危机啊，甚至一季度经济还都不错，美国失业率创新低，通胀也回升了，消费也扩张了，在这样的局面下怎么会降息呢？所以，美联储从 4 月开始，就开始修正市场对货币政策的预期了，目前市场对美联储 2019 年降息的预期已经淡了，市面上已经很少看到对此事的讨论了。

第二个因素是美国经济增长结构的变化。这个因素的影响比美联储的货币政策可能更深刻一些。如图 7-4 所示为 2019 年一季度的经济增长结构。

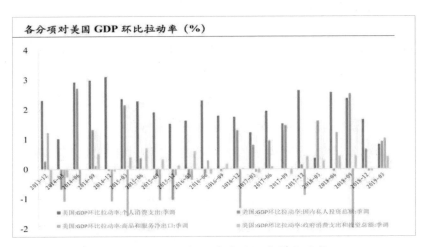

● 图 7-4　2019 年一季度的经济增长结构

在传统的印象中，一说美国经济增长的拉动力量我们就会条件反射般地想起"消费"两个字。没错，一直以来美国消费都是拉动美国甚至全球经济的主要动力。然而，2019 年一季度超预期的美国经济增长却并非发生在消费领域，而是发生在净出口和投资领域，第一贡献的居然是净出口，看看图 7-4 中那个灰色的柱子，它以前就是拖后腿的。

这个拖美国经济后腿的净出口却给全球市场注入了美元，净出口给美国拖后腿拖得越猛，全球的美元就越宽松。而现在美国经济增长结构变了，拖后腿的成了第一贡献，对全球来说这相当于紧缩了美元，这对包括黄金在内的非美元资产是大不利的。

这两个因素是支撑目前美元强势和黄金弱势的关键，但是看到这里你可能又会说："这两个因素看上去好像也不是短期因素啊，中美贸易摩擦还在，那么美国净出口下的美元紧缩效应还有可能加强的呀。"确实，中美贸易摩擦的高温不退会对美元强势产生加强的效果。那么笔者为什么会把这两个支撑美元、压制黄金的因素当成短期因素而不是长期趋势呢？

原因在于，这两个因素是相互矛盾的。如果贸易摩擦紧缩了离岸美元，同时美联储对于宽松保持现在这种暧昧的状态，那么过去强势的美元就会重新使美国的贸易逆差扩大。

所以，美国最终要么降息，要么缓和贸易摩擦，两个支撑的因素至少要去掉一个，要么奔向降息这个显而易见的宽松方向，要么放弃贸易争端。那么美国会放弃哪个？无所谓的，因为不管是哪个，其背后都代表一种货币宽松。

7.3.2 接下来，我们应该如何做

分析完黄金走势的核心因素以及大趋势和小行情，我们应该怎么做呢？在大趋势和小行情相反的阶段，交易其实是不容易做的，如果要做就要有严格的交易计划，2019 年处于弱势的小行情，5 月黄金通常也是跌的，所以买入的方向并不可取，至于做空的方向，在 1313 美元位置要设置好止损，如图 7-5 所示。

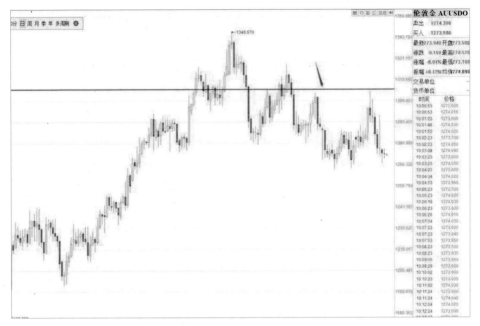

• 图 7-5　黄金交易设置止损

　　另外，站在资产配置的角度，黄金弱势给我们提供了进行资产配置调整的机会。很多人都说，股市跌了如何调整资产配置。笔者在这里可以负责任地说：买入 5% 左右的黄金就是一种合理的调整。

　　因为相对于国际股市、债券，黄金是与 A 股相关性最低的一种资产。懂得资产配置原理的投资者都应该知道，相关性低在资产配置中是有重要意义的，这与黄金的涨跌无关。

7.3.3　黄金距离黄金机会还有多久

　　世界上的不稳定因素就那么几个，黄金市场对此肯定是有所表示的。确实，黄金涨了，但是只有可怜的 3 美元。所以拯救黄金行情的关键还要看美联储。一个月之后，笔者担心的事情还是发生了，于是黄金多头也在 1275 美元的位置被止损了，造成了接近 2% 的本金损失。

　　为什么要止损呢？一是既定的投资计划，二是到止损位置，黄金趋势如图 7-6 所示。

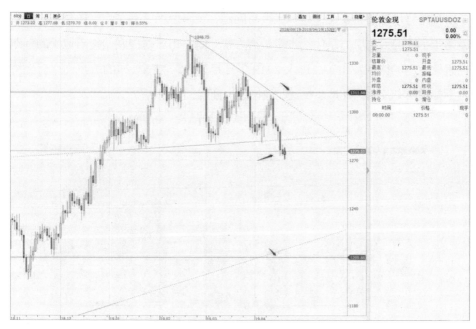

• 图 7-6 伦敦金走势

懂技术分析的投资者应该可以看出来，黄金摆出这个架势意味着什么？这是摔向 1210 的节奏，为什么我们不做一把空？

原因也有两个：一个是现在做空，合理止损位置要放到 1312 以上，相对于目测距离，止损成本有点高，所以如果后面黄金反弹 20 美元什么的那么可以考虑一下。另一个重要的原因是，虽然黄金短线开始走坏，但是看看基本面，看好逻辑方向并没有变。

之前看好黄金的逻辑是什么？很简单，美国经济增长放缓，甚至到 2020 年陷入衰退，在这样的背景下美联储的货币政策转向宽松，于是黄金在货币政策从紧缩向宽松的过渡期内开始筑底上升。

逻辑的基础是美国经济增长放缓的趋势，趋势不变逻辑不破。美国经济增长放缓趋势目前来看有变化吗？

我们看到美国推出新的减税计划或者基建计划，之前的减税带来的经济高增长显然就不能持续，而美国之前通过税收刺激而回流的资本有很大一部分被拿去回购股票了，这有利于美股，但是不利于经济的扩张。所以美国经济增长放缓的趋势暂时来看是几乎没有变化的。

大趋势几乎没有变化，逻辑也没有问题，黄金怎么就跌了呢？还是那句话，就是步子迈得太快了。是什么步子迈得太快？就是市场对美联储货币宽松的预期向紧缩方向的微调发生了。进入 2019 年 4 月以来，美国公布的一系列 3 月经济数据都超出了预期，先是非农就业数据超出预期，如图 7-7 所示。

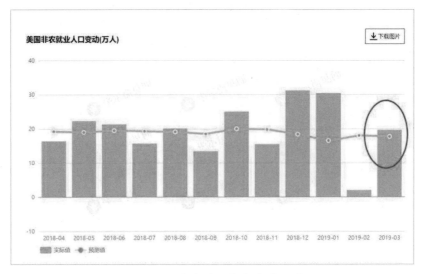

• 图 7-7　非农就业数据超出预期

美国 3 月非农就业增长 19.6 万人，超出市场预期的 17.7 万人。然后 2019 年 3 月公布美国 CPI 同比数据超出预期，如图 7-8 所示。

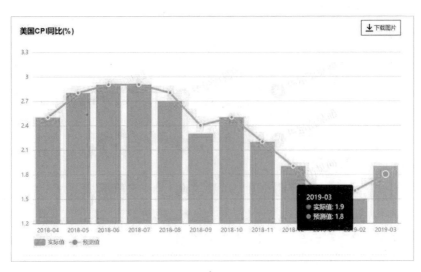

• 图 7-8　美国 CPI 同比

市场预期美国 3 月 CPI 同步增长 1.8%，实际增长 1.9%。这个超过预期应该是受到石油上涨的影响，所以还好，因为石油短期不会影响核心通胀，美国 3 月核心通胀为 2%，比预期低了 0.1%，所以这个数据出来的时候，市场反应不算大。

最后，美国公布的零售数据也超出预期，不但超出预期，还极大地超出预期，如图 7-9 所示。

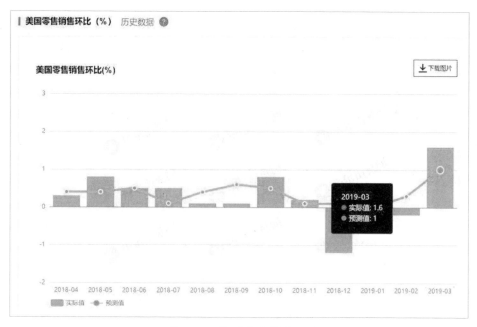

• 图 7-9　美国零售销售环比

周四晚上美国公布 3 月零售数据环比增长 1.6%，而市场预期只有 1% 的增幅，这样的差距在市场上是很少见的。如果说，面对非农数据和通胀数据市场还能淡定一点，那么当零售数据出来也好得不得了时，积累之下就有点坐不住了，于是市场对美联储货币政策预期的微调出现了，如图 7-10 所示。

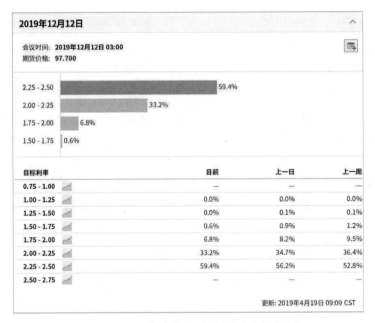

● 图 7-10 美联储货币政策预期的微调

大家看，市场对今年美联储降息的预期在下降，而维持利率不变的预期在上升，并且维持利率不变的预期已经接近 60%，逐渐占了上风。

之前笔者就担忧，3 个月以来市场对美联储货币政策的预期就从 2019 年加息 3 次变成降息 1 次，1% 的幅度啊，总是让人觉得有些不靠谱，觉得未来会有一定变化，现在呢，这种变化真的来了。在这样的基本面变化的背景下，虽然黄金趋势仍然可以被看好，但短期先向下磨个底也是很正常的，方向是光明的，道路是曲折的。

那么新的问题又来了，这个曲折的道路什么时候有尽头，投资黄金的机会什么时候会到来呢？这个问题有点难，金融市场上最难的就是对时间的分析，笔者也拿不准，只能猜想一下，这个时间点很可能出现在 6 月份，等到美联储 6 月份利率会议后，市场对美联储货币政策预期的调整将得到确认。

2019 年下半年，美国经济增长重新向下，投资黄金真正的机会可能就出现了。除了经济的因素，笔者还预期 7、8 月石油也会跌，这有可能会助涨黄金。

当然，这些预期更多的是基于可见未来的一种猜想，其间会有多少意外发生谁也不知道，所以在黄金的投资和交易过程中还是要守好位置、做好策略的。想用黄金做长期资产配置的投资者，可以耐心地等待两个月再说，而对拿黄金做投机交易的投资者来说，未来两个月也算是不错的交易窗口期，市场无规律的波动会变大。

投机千万条，风险第一条，预先的风险控制计划是必不可少的。

7.3.4　黄金上涨的目标位在哪里

笔者在上直播课的时候，有人问起黄金上涨的目标位是多少，当时笔者说自己的策略中没有目标位。后来运气不错，黄金真的涨了。于是又有好几位学员一再追问目标位的问题。

对于追问笔者还是很理解的，黄金市场压抑太久了。不过理解归理解，对目标位的问题却是真没想过。其实，在很久以前做交易的时候，笔者也会在策略中放一个目标位，但记不清楚从什么时候开始，交易策略中没有目标位了，只剩下一个止损位。

那么笔者为什么慢慢地将投资策略中的目标位给抛弃了呢？那是因为笔者想明白了几件事情，再加上惰性，也就不再去费劲弄目标位了。

首先，目标位本身没必要。我们在投资时设置目标位是为了什么呢？当然是为了控制自己过分的贪婪。贪婪是人性中的弱点，对它进行控制本没有错误，但问题是当人处于盈利状态时，本身就是风险厌恶的，而处于亏损时往往是风险喜好的，这事已经被行为金融学的研究证实了。

不信你可以自己测试一下：

（1）如果 100% 给你 400 元；

（2）50% 给你 600 元，50% 为零。

那么对这两个选项你会选哪一个？大部分人会选择 100% 拿 400 元的选项，而换个问题：

（1）如果 35% 的机会拿 400 元；

（2）25% 的机会拿 600 元。

那么这时候大部分人会选择 25% 拿 600 元的选项。如果你的选择和笔者所说的一样，那么恭喜你，你就不需要目标位了。因为在盈利时你本性上就是风险厌恶者，这个风险厌恶已经很大程度上限制了你的贪婪。

事实上，对大部分投资者来说，更多的遗憾是盈利的交易没有赚到更多钱，看看股票市场上有多少人是牛市没拿住，熊市往死磕。

其次，目标位很难测得准。我们都知道，不管你用什么手段去预测市场，这个预测永远都只是一个概率问题，并且对于这个概率是多少你无法准确知道。世界的复杂性和市场的不确定性已经让判断市场方向很难了，如果你的策略中再加上一个大多数是自己凭空想象出来的目标位，那么会怎么样呢？

即便你判断行情方向的准确概率能达到令人震惊的 60%（别小看这个概率，在交易市场中 51% 的概率就已经能让你持续获利），甚至达到一些人所吹嘘的70%，然后你的目标位预测的准确率也达到这个水平，那么这两件事同时都对的概率有多高呢？ 70%×70%，也只有 49%，立刻降低到 50% 以下。如果你的准确率只有 50%，那么加上目标位的预测后，这个全对的概率立刻就变成小概率事件。

费劲地弄一个小概率事件出来对投资有多大的帮助？搞清楚方向已经不容易，何必再画蛇添足呢？最后，目标位很有害。如果说前两个不设置目标位的理由还有偷懒的嫌疑，那么目标位有害这件事就是一件很严肃的事情了。

问大家一个问题：空仓时候的我们更理性，还是持仓时候的我们更理性？这个答案很简单，显然是在空仓的时候更加理性，因为仓位决定了你的脑袋。持仓决定脑袋这是一个普遍现象，而我们知道持仓决定脑袋对投资来说肯定是一个错误。

因为客观现实是市场的变化就如滔滔不绝的河流，它才不会因为你是否持仓就改变固有的轨迹，它该受什么影响就受什么影响，该怎么波动还是怎么波动。市场客观现实不变，只有我们的看法变了，所以一定是我们错了。

那么为什么持仓会导致我们理性客观的水平下降呢？原因有很多，其中最重要的一个原因就是锚定效应。我们一旦开始持仓，持仓的成本、目标价位等就成为我们思维中的锚，成为我们看待市场时比较和筛选信息的标准，然而这些标准对未来的市场变化没有用，因为市场的变化是指向未来的，而我们的这些锚是指向过去的。

成本这个锚本身对我们的影响就已经很大了，如果再多一个目标位，那么就是两个锚，这两个锚都指向过去，而理性的投资思考是指向未来的。当然，你可以说，对目标位可以根据市场变化而调整，让它时刻符合当前市场的理性预期不就行了？可以是可以，但问题是，这样的调整后，目标位还是目标位吗？目标之所以叫作目标，就在于它的稳定性。

所以，目标位等于增加了一个过去的锚，对我们的理性思维是有害的。其实，这个锚定效应最大是我们的持仓成本，平时的时候我们都很淡定，但一看持仓盈亏就开始头疼了，然后还能进行理性分析吗？

那么应该如何对待这个锚呢？一些专家建议我们不要去看账户盈亏，忘记它，别没事总数钱，然而这种说法却没什么用，我们投资的乐趣不就是赚钱吗？赚钱不让数，那投资还有什么劲。所以，忘记成本这个锚肯定是不可能的，怎么办呢？笔者的方法是用止损位代替这个锚。

为什么不是目标位而是止损位？因为目标位是指向过去的，止损位却可以和现在同步；目标位不能动但是止损位可以调，虽然这个调整是处于自己风险底线限制下的，不能完全跟得上市场变化，但是相比成本和目标位这样的锚已经好了太多。

关于目标位的害处，除了锚定效应其实还有一个。我们说方向和目标全对的概率很低，但你就是运气好都对了会怎么样呢？会很自信，重要的事情说三遍，但是自信说三遍就变成过度自信了。

本来做对方向赚了钱就够高兴的了，如果刚好目标位也对了，那么就是高兴的二次方，那时心里面一定充满了欢喜，但这个欢喜很可能是下次不欢喜的开始。

事实上，在金融投资中，过度自信是造成错误判断和决策的最重要因素。为什么说女性基金经理业绩整体上比男性基金经理业绩好？原因就在这里。我们想尽办法去降低这个影响还来不及呢，难道还要给自己创造一个骄傲的机会吗？

好了，黄金的目标位在哪里？没有目标位，走到哪里算哪里就是了。

7.4 低风险买入黄金的 3 种高阶方法

行情来的时候总是后知后觉，行情调整的时候又各种纠结。人性呀，在投资中就是这么赤裸裸。一季度时面对股市的上涨如此，现在面对牛市的黄金依然如此。果然，不管是懂的还是不懂的，在我们眼里永远都只有涨或跌。

十分罕见的，最近没有向笔者询问股市的人了，全都是询问要不要买黄金以及对当前黄金很纠结的人，想买，但是觉得贵，想要再等下去。还有人询问黄金调整到多少买才合适，等等，诸如此类的问题。

对于大家的心情笔者很理解，黄金看涨似乎取得了共识，但是面对调整的市场又比较纠结，不买怕错过，买入怕买太高，亏了。怎么办呢？其实在这样的情况下只需搞清楚两个问题即可：一个是行情上涨的逻辑有没有变，另一个是有没有什么好的交易策略可以兼顾一下自己的纠结或者不同的风险偏好。

第一个问题，黄金的上涨逻辑变了吗？黄金看涨的逻辑并没有本质的变化，货币宽松的大方向摆在那里。虽然最近走得快了点，美联储利用主席的讲话把市场对降息的预期往回搂了搂，黄金也紧跟着就调整了，不过这只是节奏上的改变，并不改变方向。

市场观点不重要，在现在的条件下，判断黄金强势也没有特别之处，但关键的问题在于如何买入黄金。当然，面对买入黄金这件事你可能会说这有什么难的，直接买不就行了吗？当然可以，只要你不纠结，有完善的交易策略，那么买就是了，但问题是很多人纠结，怕买得不划算，或者怕风险太大，亏钱，所以就有了黄金的不同买法，这些不同的买法可以给大家提供更多的风险选择。下面讲解在黄金牛市中，买入黄金的 3 种高阶方法。

7.4.1　直接卖出一个黄金看空期权

笔者有一个朋友想买黄金，他的问题很典型，纠结现在黄金太贵了，他觉得如果黄金能够跌回 1380 附近再买就比较有把握了，但是他对黄金能不能跌回到这个水平也拿不准，怕现在不下手黄金又涨上去就错过了。

面对这样的纠结怎么办呢？如果现在就能在 1380 买入黄金该有多好？那么能不能做到呢？答案是可以的，做法也很简单，就是直接卖出一个协议价 1380 附近看空黄金的期权，如果黄金未来跌到了该位置，那么买你期权的银行会在协议价 1380 位置把黄金卖给你，这和你交易的初衷是一样的。

如果黄金没有跌到 1380，直接涨上去了呢？这个上涨虽然依然和你无关，但你赚的就是一笔期权费，不要小看这笔期权费，因为现在黄金的波动率很高，期权费比较贵，按照某银行的真实报价，如图 7-11 所示。

美元金/美元	XAUUSD-1M-A	1406.6800	2019/07/26	22.35	20.19	1406.6800	卖出
美元金/美元	XAUUSD-1M-B	1426.6800	2019/07/26	14.74	32.54	1406.6800	卖出
美元金/美元	XAUUSD-1M-C	1386.6800	2019/07/26	33.01	10.88	1406.6800	卖出
美元金/美元	XAUUSD-1M-D	1416.6800	2019/07/26	18.19	26.01	1406.6800	卖出
美元金/美元	XAUUSD-1M-E	1396.6800	2019/07/26	27.28	[illegible]	1406.6800	卖出
美元金/美元	XAUUSD-2W-A	1406.6800	2019/07/11	15.92	15.94	1406.6800	卖出
美元金/美元	XAUUSD-2W-B	1416.6800	2019/07/11	11.88	21.90	1406.6800	卖出
美元金/美元	XAUUSD-2W-C	1396.6800	2019/07/11	20.94	10.97	1406.6800	卖出
美元金/美元	XAUUSD-2W-X	1427.3500	2019/07/11	8.53	29.22	1406.6800	卖出
美元金/美元	XAUUSD-2W-Y	1387.3500	2019/07/11	26.50	7.20	1406.6800	卖出

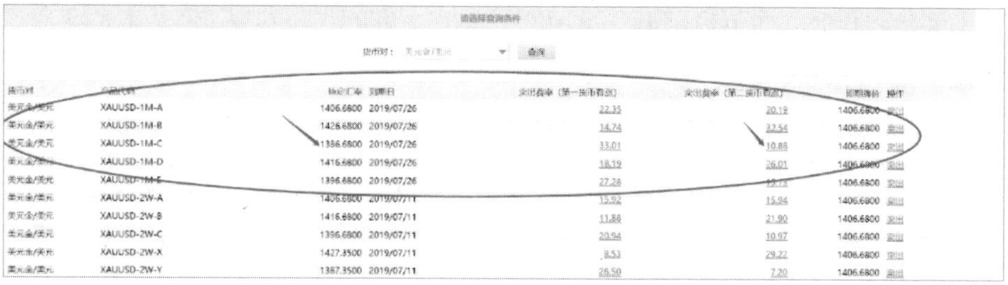

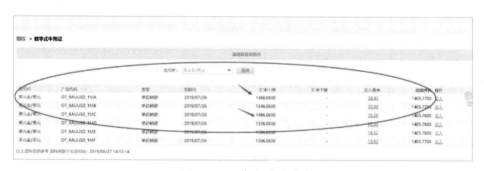

• 图 7-11　某银行真实报价

比如我们选择 1 个月期 1386 协议价的黄金看空期权卖出去，你每盎司会收到 10.88 美元的期权费，这个期权费的回报率折算成年化后是 9.42%。这么做的结果就是，你的这笔钱要么获得 9.42% 的固定收益，要么在 1386 位置买入黄金，在黄金看涨你本来就要买黄金的情况下，这个选择明显比直接买更划算。

当然，看到这里你可能还是会说："不对呀，我买黄金是要赚黄金上涨的钱，要是黄金一个月没有跌回 1380，那么我只能拿到 9.42% 的固定收益，这虽然赚了点，但黄金上涨还是踏空了呀。"

好，如果你既不想踏空，又想在 1380 买黄金，那么就在卖出一个黄金看空期权的基础上再买一个看涨黄金的期权。因为你卖出 1386 协议价的期权得到的期权费是马上到账的，而你的目标也不是要赚这个固定收益，那么你可以用这笔钱去买一个黄金看涨期权，如图 7-12 所示。

美元金/美元	OT_XAUUSD_1MA	2019/07/26	1466.0600	-	38.45	1405.7700	买入
美元金/美元	OT_XAUUSD_1MB	2019/07/26	1346.0600	-	35.90	1405.7700	买入
美元金/美元	OT_XAUUSD_1MC	2019/07/26	1486.0600	-	25.20	1405.7600	买入
美元金/美元	OT_XAUUSD_1MD	2019/07/26	1326.0600	-	[illegible]	1405.7600	买入
美元金/美元	OT_XAUUSD_1ME	[illegible]	[illegible]	-	16.52	1405.7600	买入
美元金/美元	OT_XAUUSD_1MF	2019/07/26	1306.0600	-	13.93	1405.7700	买入

• 图 7-12　黄金看涨期权

这个看涨期权的期权费折算成年化大约是 11%，而你那个期权费是 9.4%，把这两个数除一下，你卖出期权得到的期权费可以买入相当于本金 85% 面值的看涨期权。你这么做了之后，期权费收入没有了，此时你这笔交易就变成了，要么 1386 被换成黄金，要么黄金上涨到 1425 以上，此时你赚到的是黄金涨到 1425

以上部分的85%，而黄金在1387~1425之间时，你的收益为零，但是本金安全，这就相当于你空仓观望。

当然，这里要提示大家注意一下期权的期限，现成的例子中银行并没有报价，所以大家可以找银行给你定制一下，期权一致即可。若找现成的则选择那些两周的也可以，还可以试试选择不同的协议价，组合各种结果，利用加减乘除计算，也是一种乐趣。

7.4.2 直接买入黄金，然后卖出一个黄金看涨期权

如果你十分看好黄金并且性格也比较冲动，直接买入了黄金，那么没关系，买入黄金后在买入价上加50美元，以此为协议价卖出一个一个月期的看涨黄金期权。这样做的结果就是只要在一个月内，黄金不涨到50美元以上，你就坐收期权费，这个期权费现在价格不菲，可以折算为6%~8%的年化。最终结果就是，你要么一直持有黄金，要么获利50美元平仓，在持有黄金的过程中，这些期权费相当于不停地在给你降低买入成本，大约一个半月后，你的买入成本就相当于降低至1380了。

这个做法其实并不难，难在国内的银行似乎都不太支持用黄金做保证金卖出期权，这种操作在国内实现不了。

7.4.3 理财产品收益折现买入黄金牛熊证

"我也看好黄金，但是又怕万一跌了亏钱，那么有没有方法既能在黄金上涨中撸到羊毛又能保证本金不亏呢？"答案是：能。做法也很简单，就是我们正常去买一个银行理财产品之类的，然后把预期要拿到的利息提前折现出来，用这笔钱买一个黄金牛熊证。比如有100万元，利用这笔钱在某行买了一个一个月期的理财产品，收益是3.5%，这时你可以把收益中的2.5%先拿出来，买下图中的一个，如图7-13所示。

如图7-13中所示的红色箭头，如果你用这笔2.5%的钱买入下面那个，一个月内黄金价格上涨触碰到1486美元/盎司这个价格，那么你这笔理财的收益就变成了11.5%的收益。如果没碰到就是1.5%的收益，如果选择第一个，黄金上涨碰到了1466美元/盎司，那么你这笔理财收益就变成了年化9%，否则还是1.5%。

这样组合一下，在保本保定期收益的前提下撸一把黄金的羊毛并不难。黄金投资之路千万条，交易策略第一条。一个好的策略比多变的市场观点要更有价值。

• 图 7-13　某行理财产品

7.5　看错了市场还能盈利吗

笔者对 2019 年 1 月份贵金属市场的判断有些失误。从最终黄金的走势看，应该算是一个错误。

年初黄金第二次冲击 1300 失败后，考虑到市场对美联储的鸽派预期是 2019 年不加息了，觉得这已经是极限，黄金技术面小周期内下跌趋势有成立的可能，再加上人民币走势比较强劲这个因素的加持，笔者是比较看空 1 月份黄金行情的，于是在黄金 2 次冲击 1300 失败回落之机选择做空了白银，使用的工具是白银 T+D，如图 7-14 所示。

• 图 7-14　SGE 白银 T+D（1）

在该图中箭头的位置，笔者卖空了 4 成仓位的白银空单。当然，你可能要问：为什么分析了半天黄金最后却跑去交易白银呢？原因有如下 3 个：

（1）白银的波动比较大，现在的市场波动实在是有点低。

（2）白银商品属性更强，而国际商品近期都比较弱，白银跌起来会比黄金多。

（3）叠加人民币的因素后，白银 TD 的技术形态更容易把握。

上述是当时的考虑，基于这些入场的依据，笔者大约在 3710 位置卖空了白银 TD，止损 3755，止损 40 元。笔者算算本金，空了 100 手，如果做错了止损则亏 4000 元，掂量了一下，对最差的结果自己可以无感接受。

建仓之后，市场期初的走势还是能够按照预期来的，白银 TD 很快就创下了调整的新低，如图 7-15 所示。

• 图 7-15　SGE 白银 T+D（2）

创出新低后，白银 TD 小时图这个周期下跌趋势已经形成，于是笔者把止损下调了 15 元，变成了 3740。止损调整完以后，白银 TD 就开始了磨洋工的操作，如图 7-16 所示。

市场没有再创新低，下跌趋势也没有继续发展，不过好在止损也一直未被触及，所以笔者也就一直持仓和它耗时间。和市场耗了两个星期，1 月 18 日那一天，白银 TD 终于跌至本次下跌行情的新低，然后笔者将止损下调至 3710，同时进行了加仓的操作，把仓位提升到了 6 成。

• 图 7-16　SGE 白银 T+D（3）

这已经是 6 倍的杠杆了，杠杆挺高，不过计算一下，如果按照 3710 止损，
亏损仍在 3000 以内，可以承受。行情顺利按照预期发展毫无意外地冲昏了笔者
的头脑，于是我兴高采烈地发了一个朋友圈。虽然跑去朋友圈炫耀了一下，但是
好运气依然没有停止，随后的市场走得就很爽了，如图 7-17 所示。

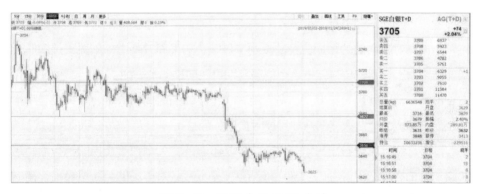

• 图 7-17　SGE 白银 T+D（4）

白银跌得势如破竹，在 3640 左右调整一下后再次创新低时我把止损进一步
调整至 3650，并且又加了两成仓位，杠杆达到 8 倍。

这杠杆已经使用得很高了，但是笔者知道，3650 止损已经锁定了一部分利润，
这笔交易如果不出现什么大的意外，那么应该是安全的。于笔者头脑又一次热了，
再次发朋友圈炫耀了一回。然而，好运气从来不会支撑我连续炫耀三回。这次也
不例外，随后的市场发展就有些出乎意料了，如图 7-18 所示。

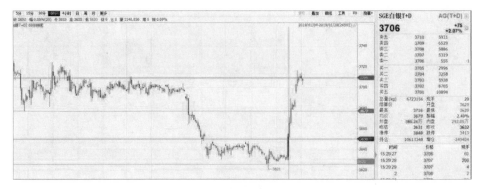

● 图 7-18　SGE 白银 T+D（5）

周五晚上一个小时的时间，一根阳线就扭转了下跌趋势，如果笔者在 3650 没有执行止损，那么紧跟的一系列连续上涨的操作就直接把这次交易变成巨亏。不过还好，价格在 3650 停留的那五六分钟，笔者毫不犹豫地止损了。最后结算一看，忙乎一个月去掉手续费赚了 4.4% 的盈利，蝇头小利。

不过，从 1 月黄金市场的走势来看，笔者对市场的判断可以说是错误的，在错误的市场判断下还能获得蝇头小利虽然有所遗憾，但也很满足了。因为笔者本来以为市场对美联储的预期已经鸽派到了极限，结果周五晚上一则关于美联储会提前结束缩表计划的传言就把这个鸽派预期再往前推动了一把。

市场一瞬间就风云突变了，盈亏就在一个小时的时间内决定，如果没有严格的止损，那么估计这次交易八成是要亏损的，而且是一个大仓位的亏损。

没错，你可能也看出来了，光有止损是不够的，关键在于止损的执行力。这次交易哪怕有那么十分钟的犹豫可能结果就是巨亏。对市场的判断总会错，错的时候亏钱是正常的，但如果你在做错的时候不亏钱或少亏钱，那么最终的胜利者是谁？是运气最好的那一个，当然，你总会有运气好的时候，也总会有看对的时候。

止损执行力如此重要，我们又如何提升这个执行力呢？笔者认为做到如下几点是十分必要的：

1. 开仓交易的理由不但要清晰，关键的是要可量化

止损放在哪里？当然是能证明我们的交易是错误的位置。那么如何找到这个位置呢？第一步肯定是要有清晰的交易理由。这事说起来挺容易的，但是在实际的交易中笔者见过太多拍着脑门就往市场里冲的人了，所以最好把交易的理由用

一、二、三、四等列举出来，如果没有这样思考的习惯，那么可以用手机写下来，时间长了习惯就养成了。

有了清晰的理由之后还不够，还要有清晰的可量化的位置。什么位置呢？就是一个可以证伪你判断的价格。这个价格如果没有，那么即便你有千万条的交易理由，这个交易也是不能成立的。

所以，笔者在这次自己的交易案例中，是直到有清楚的可以否定下跌趋势的价格出现后才开始交易的，而后每次调整都是因为证伪自己判断的位置在发生变化。

2. 止损的损失一定要处于心理低感知范围以内

很多人说，止损应该放在自己的可承受范围之内，其实这是一个错误，因为可承受不代表你不心疼，不代表损失不会改变你的风险偏好。事实上，这笔交易亏一两万元笔者也是可以承受的，但同时笔者又很清楚地知道亏到这个数字，我的风险偏好会被市场改变。

这是什么意思呢？人普遍在亏损的时候呈现出风险偏好变大的心理倾向，亏损足够大的时候，人就会变成一个完全靠运气的赌徒。为什么很多人投资股票赚点小钱就跑，而亏钱了却能长期持有？就是这种风险偏好变化造成的。

所以，亏损是会降低止损的执行力的，我们无法避免亏钱给风险偏好带来的影响，但是我们要把这个影响控制在不改变交易性质的前提下，也就是说控制在自己转变成为赌徒之前。这个程度有多大，每个人不一样，风险偏好影响改变较小，对亏损的感知度也低，在这样的亏损下止损的执行力比较高，所以，通过这一点笔者确定了初始的仓位。

3. 止损的调整是一个逐步提升执行力的过程，但有限制

理解了第二点中的亏损对风险偏好的影响后，我们就知道，亏损越大，止损的执行力越低。相反的，如果是盈利，那么人的普遍心理是向风险厌恶的方向发展，你越是盈利也就越在乎风吹草动，这样做的结果是在正确的时候赚不到足够的利润就被市场吓跑了。

所以，止损的移动方向只能是向着执行力提高的方向进行，这也就意味着初始的止损位置就是最大亏损的极限，后面的每一次调整都是要降低损失直至盈利的。

但是，当盈利积累多了的时候，人的心理会转向风险厌恶，这也不利于盈利的积累，市场的微小波动可能就把你洗出局了。

那么对于止损的副作用该怎么消除呢？答案就是在移动止损的时候，同时进行仓位的调整，使盈利的比例始终控制在不改变自己风险偏好的程度。

这个程度因人而异，因为人们对盈利的满足感是低于对亏损的厌恶感的，是止损平衡点的一倍左右。有了这双向的控制，可以使止损具有高效执行力的同时，还能降低它的副作用，这是无数次血泪教训总结出来的交易技术。

虽然笔者在2019年1月的交易不完美，但这个交易倒是难得的一个经典案例，所以写出来跟大家分享交流。

第 8 章

保险投资：为家人
买份安全的保障

家庭理财需要因"家"制宜，"对症下药"。
因为每个家庭的经济状况各异，采取的理财方案和
收益当然也各有不同。

保险是一个特殊的理财产品，保险理财的目的
不是追求利润而是做好后勤保障的工作，为家庭减
轻承担风险的压力。

8.1 如何防范家庭财务风险

家庭理财是指通过客观分析家庭的财务状况，并结合宏观经济形势，从现状出发，为家庭设计合理的资产组合和财务目标。本节将从 3 个方面具体分析如何防范家庭财务风险。

8.1.1 我们为什么会感到焦虑

很多人都说，这是一个贩卖焦虑都可以赚钱的时代。为什么我们会有这么强的焦虑感？有人调侃说，那还不简单，因为钱嘛。然而事实真的如此吗？20 年前我们可能都比现在钱少，但是焦虑感真的就比现在更强吗？未见得吧。事实上，现在更有钱的大城市的市民反而比相对落后的小城镇要焦虑得多。

焦虑感本质上是一种恐惧，它来源于人们对生的不确定性以及对死亡的确定性的恐惧，生的不确定性来源于快速变化着的社会，而与死亡的确定性相伴随的是一种永恒的孤独。从有人类以来，人们就想尽一切办法来对抗这种恐惧，如何去对抗呢？那就是用保障体系去对冲不确定性，让人们在活着的时候感觉死后并不孤独。

所有的保障体系本质上都是资源的跨期交换，其本身就带有金融属性。从古至今，人们围绕着"保障"这两个字先后发明了几种保障体系形式。

1. 基于血缘关系的家庭以及众多家庭形成的宗族

在家庭这个组织中，保障了血缘关系的确定性，也就保障了财产关系的确定性。这种确定性使一个家庭组织内部成员相互之间进行风险分散，我们的文化中强调的是父慈子孝，这是一种抚养和养老的保障机制，我们的文化中还会高度赞扬长期照顾患病丈夫的妻子，这是一种基于重大疾病的保障机制，而每年的清明节对祖先的祭奠更是对这种保障模式的一种传承。

2. 形式发端于近代，那就是国家主导的社会保障

发端于德国的国家社会保障形式最早期并不是为了保障的，而是为了让老年人让出工作岗位给年轻人，国家再通过税收对这些老年人进行经济补偿。然而就是这样一个无意的举动却形成了整个社会基于国家的年轻人与老年人资源的跨期交换，最终这个交换形成了现代社会国家保障体系。

3. 形式就是现代的金融市场

当人们发现焦虑是一种普遍的情绪时，消除焦虑就成了一门有利可图的生意，现代商业保险也就应运而生。通过当期缴纳保费从而换取不确定事件发生时获得经济资助，形成了一个基于商业契约的跨期资源交换，从而帮助我们消除不确定性带来的焦虑。除了保险，股票、债券市场的发展，也给人们自己和自己进行资源的跨期交换提供了可靠的渠道，从而使个人自身的保障能力大幅度提高。

这几种保障形式都是为了对抗不确定性和焦虑的，但是每种形式都有其优势和缺点。国家保障虽然能够给人们提供底线的生存保障，但是一旦过分，就容易形成道德风险养懒汉；家庭宗族虽然使道德风险降低，但是因为范围窄无法对冲系统性的风险；至于商业保险，因昂贵而无法覆盖到最底层。

总之，无论哪一种保障形式都无法独立承担全部的责任，一般需要这几种保障形式或至少其中几种都很发达，这时人们才不会显得那么焦虑，相对的幸福感也就高。

8.1.2　如何在高风险社会获得安全感

面对普遍的焦虑我们怎么办呢？重回父母的怀抱去啃老吗？指望更好的社会保障吗？这些显然都不可行，不管你是否愿意，剩下的只能是金融市场了。而要想通过金融市场实现资源的跨期交换，实现风险的分散和转移，就需要专业知识和技能，否则面对金融市场，你得到的可能还不如你付出的多。

8.1.3　现代社会，家庭财务风险主要包括哪些

一个年纪轻轻就实现中产的朋友曾经找到笔者聊天，说他每个月供房子压力太大，感到很焦虑。对于他的吐槽，笔者觉得有些好笑，不是笑话他，而是笑

话自己，想到自己在他这个年纪刚买房的时候，也是如此焦虑。不过时至今日，房贷早已经不再是问题，而真正值得焦虑的事情也才刚刚浮出水面。在这个世界上确定性的东西是最不值得焦虑的，一个东西一旦是确定性的，你就一定会想办法去应对，如果没有办法应对，那么焦虑也没有用。

就像房贷的月供，期初看上去是高了一点，但每个月要还的钱是确定的，随着时间的推移，要么你更努力地工作赚更多的收入，要么坐等通胀稀释账务，最多痛苦三五年，后面也就不算什么压力了。

最值得焦虑的是那些不确定的事情，因为事情不确定，所以它是否会发生只是一个概率，你可以模模糊糊地感受到，但是由于人对概率天生的不免感和可得性偏见，使我们往往对这些事情没有一点防备，而这些事情一旦发生，就将使我们陷入困境。

那么人的一生中会对自己的财务具有巨大冲击的不确定性事件或者风险有哪些呢？总结起来有以下4件事情。

1. 活得太短

对于活得太短这件事情不用解释，大家都懂。所谓天有不测风云，虽然我们很忌讳但是却不能否认这种风险随时存在，最讨厌的是我们还无法完全规避，即便处处小心，还是有人坐在办公室里都会被汽车撞到，你又能如何呢？只能和保险公司对赌一把，事情还是那件事情，但是起码财务上的补偿能够让你需要负责的人不受物质上的影响，在经济学上这是消除了风险事故的外部性，算是一个理性的选择。

这个对赌合约就是意外险，它发挥的作用是财务补偿，所以该买给谁很清楚，谁赚钱就买给谁。

2. 活得太长

对，你没有看错，活得太长也是一个风险，尤其是在现代社会中，这个风险是很大的。然而，我们根本无法知道自己能活多久，难道为了一个概率上存在的长寿就要更多地节制现在的消费去存钱吗？这也不见得就是一个理性的选择。所以，理性的选择是再和保险公司赌一把，当然这种赌约具有很长的长期性，所以选择一个稳定的保险公司就显得格外重要。

3. 年轻时活得不好

一个人在年轻时活得不好是指年纪轻轻就罹患重大疾病。为什么要强调年轻时？因为只有年轻时是不确定的，当年纪大了，这件事就是确定的，它就不是风险了。对于确定性的事情你可以慢慢去准备。事实上我们准备的养老金大部分是医药费，而不是给你吃喝玩乐的。

那么对于这种风险我们怎么办呢？很简单，继续和保险公司对赌！这种对赌是对未来支出的一种补偿，所以对于凡是有风险存在的事情都得买保险，不赚钱的儿童也不例外。

4. 年轻时工作不好

由于种种原因，你的职业甚至整个行业被社会淘汰了，从而使你的收入中断。对于这种风险是有失业保险的，但这显然不够一个正常家庭维持稳定的生活。更让人可气的是，这种风险还没人和你对赌，所以只有自己搞定自己了。

你可以选择分散风险，就是在组建家庭时选择一个不同行业的另一半。你还可以选择转移风险的，即在年轻时尽可能地负债购置资产，先把未来的工作收入折现到当下。先把工资都收了，那么风险就是债权人的。保险不是骗人的，骗人的永远都是人，买错了保险是别人骗了你，没买保险是自己骗了自己。

8.2 相互保 1 毛钱保 30 万元，可信吗

支付宝推出了一个叫"相互保"的产品，0 元领保额为 30 万元的大病保障，其宣传很让人心动。据说，只要芝麻分 650 分及以上、年龄 60 岁以下的蚂蚁会员就能领取一份包含恶性肿瘤的 100 种大病保障。参与不用花钱，只在他人患病产生赔付时才参与费用分摊，自身患病则可一次性领取保障金，实现大病保障低门槛以及互助共济。

天下没有免费的午餐。虽然这句话被说了无数遍，却是一条简单而又朴素的真理。"相互保"真的有那么好，能免费领取保障？对比动辄大几千元的重疾，它如何能做到花几毛钱就有保障呢？

8.2.1　"相互保"到底是什么

我们来看一下，"相互保"到底是什么？它是网络上的一种互助保险，简单地说，是参保人群 AA 制，互相承担保费的一种保障方式。其实，保险的最原始形态就是互助。在发达国家，互助保险是保险市场的主要形式之一，约占27% 的市场份额。我们熟知的美国大都会保险，前身就是互助保险。

"相互保"这样的网络互助保障计划，是互助保险吗？互助保险是指一群有共同要求和面临同样风险的人自愿组织，定义好风险补偿规则，预缴风险分摊资金，从而保障每一个参与者的一种保险形式。互助保险对比普通的商业保险，有如下两个特点：

（1）投保人是股东，对公司有所有权、管理权和监督权，所支付的保费要全部用于风险保障，保费收益归全体投保人所有。

（2）投保人是同类人群，具有同类型的风险保障需求。

因为有共同点，所以投保人互相之间更容易信任，对互助保险组织的忠诚度和长期参与度更高。"相互保"等网络互助计划，投保人并不是股东，参与人群也并不是特定同类人群，因此它既和传统的商业保险不一样，和国外已经很成熟的互助保险也不太一样。网络上的互助计划，是国外互助保险在中国的一个变体。

8.2.2　从监管上来看，合法、非法还是擦边球

目前，除了支付宝的"相互保"，网络上比较有名的网络互助平台还有夸克联盟、e互助和水滴互助。它们看上去都很正规，如图 8-1 所示为夸克联盟介绍。

品牌介绍是卖保险的平台，然而，当你再去看经营范围的时候，就会发现它打着卖保险的名头，实际上却是一家科技公司，如图 8-2 所示。

• 图 8-1　夸客联盟介绍　• 图 8-2　打着卖保险的名头的科技公司

科技公司也可以卖保险了吗？银保监会也是做过相关提示的。银保监会曾发文《建议关注互联网公司涉嫌非法经营保险业务存在的风险》提示，点名了一些互联网公司涉嫌非法经营保险业务，甚至有非法集资的可能性。

按照银保监会的规定，相互保险（又称互助保险）是由保监会进行同意监管的，而网络上的这种互助计划，不是传统保险，也不是互助保险，自然也就不受银保监会的监管。不受银保监会的监管，但也不能说这些平台就是非法的，只能说其打着类保险服务的擦边球，类似于保险业的 P2P，但在缺乏监管的情况下，产品的经营就需要靠平台的良心了。

8.2.3　从价格上来看，相互保更划算吗

现在的重疾险，年纪越大价格越贵，而"相互保"这样的产品看上去就便宜多了，只要芝麻分 650 分及以上，年龄为 30 ~ 59 岁，都可以参加。40 岁以下保额为 30 万元，40 ~ 59 岁保额为 10 万元。

参加时不用付钱，有人需要赔付时，大家均摊，每个人不超过 1 毛钱，这样的宣传，让不少人觉得参加的人越多，分担的就越少。可实际情况是，参与的人

越多，发病率会越高，你分担的钱也可能会越多，因为疾病赔付的频率和概率都更大了。

互助保是用一个不确定的付出，去应付一个不确定的损失，这其中，谁更便宜，就很玄妙了。有人参加过互助计划，在每个计划里存了 10 元，本来是奔着便宜去的，结果每个月都有互助事件发生，不到 2 个月，存的钱就被扣光了。

风险只能被转移，不能被消灭。比起谁更便宜，我们更应该关注的是谁赔的概率大。这类网络互助计划，保费是后置的，让人从心理上觉得保费付出会比传统保险要低，但实际上，它从化解个人的风险的角度来看，有点鸡肋。

先不谈保额够不够的问题，只从保障年龄上看，相互保的设计肯定是经过精心计算的。根据保险公司的重大疾病经验发生率表，39 岁和 59 岁是疾病发病的飙升时点，然而这款产品，39 岁后，保额从 30 万元降到 10 万元，59 岁后，强制退出，这样的条款，在个体最需要保障的时间点保额却没有了，只能令人叹息：唉！

8.2.4 从运营和风险上来看，相互保还不够成熟

目前来看，互联网的这些互助平台门槛都很低，因此从某种程度上来说，这些平台会面临较高的赔付率，这对平台的持续运营和风险控制能力要求会很高。

对比经过精算的保险产品，平台方是否能鉴别故意骗保事件的发生，接入的第三方调查机构是否靠得住，收取的资金是否有披露，资金托管是否安全等，也是需要考虑的问题。

保险产品需要考虑道德风险。如果平台缺乏运营方和风控能力，就很可能会造成赔付率上涨，最终也会传导至价格端，届时很可能好的客户需要付出坏的价格。很多事情，初心是好的，但如果是别有用心的人去做，可能就会变味。就好像 P2P 一样，本来是一个很好的融资方式，结果玩着玩着，就变味了。

对于相互保这类网络互助产品，要买可以，但不要抱着占便宜的心理，也不要想着它能够替代重疾等商业保险。

按照目前的形势，它最多能作为商业保险的一个有益补充，还是先把正经的保障做好。如果真对这种互助计划有兴趣，不妨等一等，观望其发展一段时间。就像 P2P 一样，雨打风吹过后，剩下的才是最好的。

8.3 分红型的保险，有必要买吗

笔者有一个朋友，在女儿刚出生时随手买了一份保险求心安。开始她压根不知道买的是什么保险，直到缴了两年费用后才知道自己买的是一个分红险。

这份保险大概就是年缴保费 1 万元，缴费期为 10 年，每两年返还 3564 元的生存金，第三年开始有分红，但分红不确定。最近她听说分红险不但没有保障意义，收益也很"坑"，于是就想把这份保险退掉。

可她去退保时，发现投了两年的保险，现在退保连本金都拿不回来。买保险没有保障还亏钱了，这保的到底是什么？其实这就是头寸，算一下我们就知道了。

首先，我们先算清楚这个保单的回报和退保的损失情况。

打开 Excel，在 B 列键入每年保费，在 C 列键入每年保单的现金价值，D 列是返还的年金，E 列按中档分红每年算 1000 元，实际可能还没有这么多。F 列是每年的现金流情况，G 列 =C+D+E 列，用公式算出退保将获得的收益，H 列是计算退保将会遭到的损失。其中，C 列和 D 列都是朋友保单上就有的数据。如图 8-3 所示为保单的回报和退保的损失情况。

	A	B	C	D	E	F	G	H
1					内部报酬	2.67%		
2	年度	保费	现金价值	返还年金	分红	现金流	退保收益	退保损失
3	1	-10000	3145	0		-10000	3145	-6855.0
4	2	-10000	4378	3564.9		-6435.1	7942.9	-12057.1
5	3	-10000	9005	0	1000	-9000	13569.9	-16430.1
6	4	-10000	11476	3564.9	1000	-5435.1	20605.8	-19394.2
7	5	-10000	17491	0	1000	-9000	27620.8	-22379.2
8	6	-10000	20597	3564.9	1000	-5435.1	35291.7	-24708.3
9	7	-10000	27354	0	1000	-9000	43048.7	-26951.3
10	8	-10000	31050	3564.9	1000	-5435.1	51309.6	-28690.4
11	9	-10000	38500	0	1000	-9000	59759.6	-30240.4
12	10	-10000	42852	3564.9	1000	-5435.1	68676.5	-31323.5
13	11		44771	0	1000	1000	71595.5	-28404.5
14	12		43211	3564.9	1000	4564.9	74600.4	-25399.4
15	13		45147	0	1000	1000	77536.4	-22463.6
16	14		43604	3564.9	1000	4564.9	80558.3	-19441.7

• 图 8-3　保单的回报和退保的损失情况

如果算到 75 岁，则发现这份产品的内部报酬率仅为 2.67%，比 5 年定存还差一点。朋友缴完了 2 年保费，因此，如果现在退保，则结果是：

现金价值 4378 元 + 年金 3564.9=7942.9 元

7942.9 元 − 保费 20000 元 = − 12057.1 元

两年一共买进去两万元，最后亏损 12000 元。但是，如果现在不退，过几年再退，参考 Excel 表可以知道，损失其实一直在增加。所以，想退保，要趁早，越早退损失越小。如果还没有过 10~15 天的犹豫期，那么更要果断退，因为在犹豫期退保费是可以全数退回的。

其次，缴费在 3 年以内，退保是划算的。是否要忍受亏损去退保，我们要看这笔钱的机会成本，如果机会成本远远高于收益，那么肯定是要退保的。这需要与其他投资做比较。

（1）与银行定存比较

这款产品，要到第 21 年，保单价值加上所领取的收益才能覆盖所缴的所有保费。在第 10 年，与一年期定存差距最大。要在第 50 年，收益才能超越定存。而保额就等于所缴保费，完全没有起到保险的杠杆作用，如图 8-4 所示。

A	G	H	I	J
			银行一年定存	损失
年度	退保收益	退保损失	1.50%	与定存相比损失
7	43048.7	−26951.3	¥74,328.39	¥−31,279.69
8	51309.6	−28690.4	¥85,593.32	¥−34,283.72
9	59759.6	−30240.4	¥97,027.22	¥−37,267.62
10	68676.5	−31323.5	¥108,632.62	¥−39,956.12
11	71595.5	−28404.5	¥110,262.11	¥−38,666.61
12	74600.4	−25399.6	¥111,916.05	¥−37,315.65
13	77536.4	−22463.6	¥113,594.79	¥−36,058.39
14	80558.3	−19441.7	¥115,298.71	¥−34,740.41
15	83510.3	−16489.7	¥117,028.19	¥−33,517.89
16	86550.2	−13449.8	¥118,783.61	¥−32,233.41
17	89519.2	−10480.8	¥120,565.37	¥−31,046.17
18	92577.1	−7422.9	¥122,373.85	¥−29,796.75
19	95566.1	−4433.9	¥124,209.45	¥−28,643.35
20	98643	−1357.0	¥126,072.60	¥−27,429.60
21	101652	1652.0	¥127,963.69	¥−26,311.69
22	104751.9	4751.9	¥129,883.14	¥−25,131.24
23	107783.9	7783.9	¥131,831.39	¥−24,047.49
48	190373.6	90373.6	¥191,280.14	¥−906.54
49	193958.6	93958.6	¥194,149.34	¥−190.74
50	197657.5	97657.5	¥197,061.58	¥595.92

• 图 8-4 与银行定存比较

（2）与余额宝、货币基金比较

取余额宝最近的收益 3.96%，某货币基金的收益 4.3%，进行比较，可以发现，到 70 岁时分别差 100 万元和 130 万元，随随便便就是一个百万富翁的差距，如图 8-5 所示。

A	G	K	L	M	N
		余额宝年化收益率	损失	货币基金年化收益率	损失
年度	退保收益	3.96%	与余额宝相比损失	4.30%	与货币基金相比损失
1	3145	¥10,396.00	¥-7,251.00	¥10,430.00	¥-7,285.00
2	7942.9	¥21,203.68	¥-13,260.78	¥21,308.49	¥-13,365.59
3	13569.9	¥32,439.35	¥-18,869.45	¥32,654.76	¥-19,084.86
4	20605.8	¥44,119.95	¥-23,514.15	¥44,488.91	¥-23,883.11
5	27620.8	¥56,263.10	¥-28,642.30	¥56,831.93	¥-29,211.13
6	35291.7	¥68,887.11	¥-33,595.41	¥69,705.71	¥-34,414.01
7	43048.7	¥82,011.04	¥-38,962.34	¥83,133.05	¥-40,084.35
8	51309.6	¥95,654.68	¥-44,345.08	¥97,137.77	¥-45,828.17
9	59759.6	¥109,838.61	¥-50,079.01	¥111,744.70	¥-51,985.10
10	68676.5	¥124,584.22	¥-55,907.72	¥126,979.72	¥-58,303.22
20	98643	¥183,707.01	¥-85,064.01	¥193,453.88	¥-94,810.88
50	197657.5	¥588,998.05	¥-391,340.55	¥684,079.69	¥-486,422.19
60	236293	¥868,513.48	¥-632,220.48	¥1,042,196.91	¥-805,903.91
70	279861.5	¥1,280,676.00	¥-1,000,814.50	¥1,587,789.28	¥-1,307,927.78

• 图 8-5　与余额宝、货币基金比较

（3）与其他投资比较

如图 8-6 所示，红色线是假定每年有 6% 的收益，灰色线是与余额宝的差距，黄色线是与某货币基金的收益。

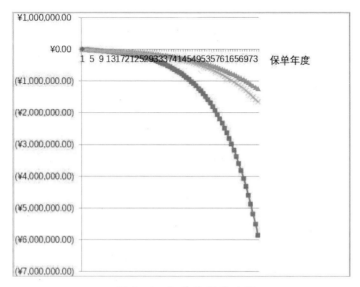

• 图 8-6　与其他投资比较

所以，对笔者的这位朋友来说，在第 3 年缴费以前退保，虽然有沉没成本 1.2 万元，但如果拿每年要缴的 1 万元用来投资，收益有 6%，那么差距大到快有 600 万元了。当然，每个人的情况不同，具体保单具体分析，做个表自己算算就好，并不复杂。

最后，如果感情上接受不了退保亏损，还能怎么办？其实前文讲的内容已经足够退保的理由了，但朋友可能无法接受一份保险居然本金是亏损的。如果不愿意继续支付续期保费，那么还有一种选择叫作等额交清。

等额交清即保险公司会用宽限期开始前一天的现金价值扣除未缴保费的余额作为一次交清的净保险费，重新计算保额。

对此不用自己计算，保险公司会有一张减额交清表，上面明确列出了在缴费期停缴，剩余的保额。好处是，保障还在，只是保额减少，而且不用再缴费了。不过减额交清后，分红和年金也是没有的，本来羊毛就出在羊身上。除此之外，还有如下几点需要注意：

（1）不要有真空期

退保以后，保险中原有的保障就会立即失效，而新买一份寿险和重疾险，需要 90~180 天才会生效，所以建议配齐必需的保障后再选择退保，不要有真空期，更不要裸奔。

（2）缴费中后期可选择减额交清

如果买分红险的缴费期还很长，则可以直接退保。如果到了缴费期的中后期，那么建议选择减额交清的方式。不过不是所有产品都能减额交清的，通常来讲，减额交清比退保更加划算一些，具体细节可以看合同。

（3）控制家庭保费比例

对普通家庭来讲，家庭年收入的 5%~20% 可用来购买保险。如果一个家庭年收入 20 万元，那么保费少于 4 万元比较合适。也就是说，在先大人后小孩，全部家庭成员保额都充足的前提下，如果仍不超年保费的预算，你的分红险不退也是可以的。

随着我国金融业的不断发展，保险的概念已经深入人心。但大多数人最开始的时候，可能是因为家里某个亲戚在做保险，就懵懵懂懂买了一份连自己都不了解的保险。最要命的是，还以为自己有了足够的保障。

分红险是一个奢侈品，除非你有大量富余钱，否则这种分红险并不适合。抽空来做个家庭保单大检查，该补的补全，该止损的及时止损才是正经事。

8.4 给孩子，需要配置哪些保险

2019 年儿童节的前几天，有一位妈妈跟笔者念叨，不知道送什么给孩子作为儿童节礼物。平时可以买到的礼物，孩子几乎都有了，玩具装满了整整一房间，现在的小朋友简直太幸福了。

那位妈妈说最近她考虑给孩子买一份保险。缴 10 年的钱，每年缴 12000 元，第三年开始每年可以领 3000 元，一直可以领到 80 岁，身故还可以赔付 12 万元。她觉得比起玩具，这份保障对孩子肯定更有意义。

都说世上只有妈妈好，父母总是想把最好的东西留给子女。但这份保险，真的有她说的那么好吗？

上述例子中那位妈妈说的应该是一份强制储蓄型的保险。想知道值不值，可以从如下几个方面计算：

1. 几十年后的钱还值钱吗

这份保险，每年返还 3000 元，现在看起来还行，可以缴点学杂费什么的。可是等他 40 多岁的时候，还是每年返还 3000 元，如果按通货膨胀每年 5% 来算，那么 40 年后的物价水平是现在的 $1.05^{40}=7.04$，也就是说，40 年后的 3000 元的购买力可能还不如现在的 500 元。

简单来说，以后的 3000 元，无论如何都不值现在的 3000 元，而保险公司一般演示的案例少则 20 年、30 年，给小孩的更是长达五六十年（算到退休）。所以，通常保险公司都会在货币的时间价值上做文章。

2. 投资的年限和机会成本

来看这份保险，投保期每年缴保费 12000 元，要缴 10 年。按保险合同中途不能中断。12000 元用来买保险，就不能拿去做别的投资了，哪怕每年买个理财，似乎也是有点收益的。那么到底自己买理财好呢，还是买保险好呢？

3. 怎么算内部报酬率

上述例子可用 Excel 来计算，如图 8-7 所示。

F3		▼	:	✕	✓	*fx*	=IRR(E3:E82)	
	A	B		C		D	E	F	G

	A	B	C	D	E	F
1						
2		保费	返还	分红	每年净现金流	内部报酬率：
3	1岁	−12000			−12000	3%
4	2岁	−12000			−12000	
5	3岁	−12000	3000	1000	−8000	
6	4岁	−12000	3000	1000	−8000	
7	5岁	−12000	3000	1000	−8000	
8	6岁	−12000	3000	1000	−8000	
9	7岁	−12000	3000	1000	−8000	
10	8岁	−12000	3000	1000	−8000	
11	9岁	−12000	3000	1000	−8000	
12	10岁	−12000	3000	1000	−8000	
13	11岁		3000	1000	4000	

• 图 8-7　内部报酬率算法（1）

B 列：每年支出，负号后面的数字就是每年的保费。

C 列：每年收入，这里为返还的钱。

D 列：每年分红。因为分红是不确定的，暂定为每年 1000 元（实际可能还没有这么多）。

E 列：每年净现金流，为 B+C+D 列汇总。

假设宝宝从 1 岁买，一直领到 80 岁，如图 8-8 所示。

70岁		3000	1000	4000	
71岁		3000	1000	4000	
72岁		3000	1000	4000	
73岁		3000	1000	4000	
74岁		3000	1000	4000	
75岁		3000	1000	4000	
76岁		3000	1000	4000	
77岁		3000	1000	4000	
78岁		3000	1000	4000	
79岁		3000	1000	4000	
80岁		3000	1000	4000	
	81				

• 图 8-8　内部报酬率算法（2）

然后在格子 F3 中输入 IRR 公式，选择范围是每年的净现金流一列，就会得出产品的内部报酬率，如图 8-9 所示。

• 图 8-9　内部报酬率算法（3）

可以算出这款保险的内部报酬率是 3.48%，自己用银行理财 + 国债，绝对可以做到比这个内部报酬率高。而我们计算了市面上大部分的储蓄型保险的内部报酬率，一般情况下是低于 4% 的（除非运气特别好）。也就是说，除非你实在没办法强制自己存钱，否则都可以选择回报率更高的投资产品。

那么，到底需要给孩子配置哪些保险呢？下面进行具体分析。

8.4.1　先把基础的社保办起来

比起商业保险，把基础的社保办起来，才是正经事。

孩子出生 3 个月内，或者每年的 9 月到年底，都可以办理基本医疗保险。各地价格不一，但最贵也就一百多元，这也是它的主要好处，其他好处如下：

（1）不会因为孩子身体弱、得病概率高就拒保。

（2）能带病投保，有先天性疾病也可以办理。

（3）不管报销几次，都能续保，保费也不会因生病的多或少、重或轻而产生变化。

（4）住院费最高报销 80%、门诊费的特定病最高报销 65%，一般病报销 50%。不过上有封顶。

不知道怎么办理的，可以问孩子户口所在地的居委会、街道办和社保局。

8.4.2　重疾险：越早买越好

重疾险的定义：遇到保险合同中约定的重大疾病，出具医生诊断书，则进行一次性赔付。一旦你或家人遭遇重大疾病，就必须马上面临巨额支出，即使你有其他的医疗报销方案，也得先花钱，你的现金流也会比较紧张，家庭财务状况将面临考验。

为节约成本，可减除医保的重疾报销额度。各地政策有差异，以广州为例，重疾可额外报销15万元，所以成年人购买重疾险，保额起码要买到35万元以上。未成年人没有针对重疾的医保报销，笔者建议保额买到50万元以上。

8.4.3　寿险：不建议儿童优先选择

寿险即人寿保险，是一种以人的生死为保险对象的保险，如果被保险人在保险责任期内死亡，则根据保险合同进行赔付。

根据寿险的定义，寿险主要保障的主体首先应该是家庭的经济支柱，而不是孩子，因为孩子并没有收入，他们不会像大人一样对家庭的收入造成影响。保险是为了保障家庭生活的财务目标不受到严重影响的非金融风险，只是家庭理财配置的一部分，千万不要将其变成单纯和保险公司赌谁命更长的工具。

8.4.4　给孩子买保险需要绕开这3个大坑

笔者某个周末刷朋友圈的时候，看到一个朋友发了一张人无比憔悴的照片，眼窝深陷，黑眼圈酷似熊猫，引得朋友们纷纷询问。

原来他家里两个孩子先后感冒发烧，折腾了好几天。大人因为疲于照顾两个生病的娃，也病倒了。一家人就像多米诺骨牌一样，一个接一个中招。周末一大早，全家去医院打吊针，一去一整天。

有了孩子的父母应该都有体会，什么都不怕，最怕孩子生病。小宝贝们有个不舒服晚上睡觉时就会不踏实。孩子睡不好，大人要不停起来照顾，睡不好憋一肚子火第二天还要上班，那滋味做父母的都知道。

身体是革命的本钱，孩子的健康可是第一位的。感冒发烧都是小事，万一孩子得了大病，一家人都会笼罩在乌云里。因此，每年花几千元给孩子买保险是更为紧要的事情。但是给孩子买保险之前，先别急着花钱，有些"坑"你一定得绕开。

1. 儿童寿险

寿险，狭义上就是以死亡为给付条件的保险。死亡意味着收入能力的丧失，会对家庭财务有一定的影响。孩子没有收入，也不承担家庭收入的责任，所以，寿险是没有必要给孩子买的，家庭收入支柱才最需要配置寿险。

2. 儿童门诊险

孩子的抵抗力比大人差，时常会有个磕磕碰碰头疼脑热的，可能经常需要看门诊。但保险本来保的就是小概率事件，且不说门诊险每次理赔时寄往返快递的成本，对于这种发生频率高、总体损失小的风险，保险公司一定比你会算数，成本早就转移给你了。

因此，对于门诊看病的花费并不适合买保险的形式，每个月备上一笔看病专用的钱存在余额宝中，比买门诊险更合适。

3. 教育金险

教育金险是储蓄型和分红型的保险，通常是很少保额的重疾险 + 储蓄或分红功能的产品组合。从投资回报率的角度来看，没有必要给孩子买教育金险。教育金保险的内部报酬率大概为年化 3%，现在银行里，随便一个理财产品都有 5%，更别说更好的资产配置了。

从保障的角度来看，一份教育金险中的保额往往不够，还不如把保费拆成两部分，直接买消费型的保险和自己做投资，保障效果和投资收益都会比直接买教育金险更好。

避开那些"大坑"，终于到痛快花钱的部分了。我们花钱要明白，买保险的宗旨就是只买对的，不选贵的。让保障的归保障，投资的归投资，保险选择消费型的就好。

8.5 婚姻期间买了保险，离婚时怎么分配

我们每个人应该都有过被保险销售员推销的经历。有些保险推销员可能会告诉你，保险能够逃债、避税、合法转移财产，而且法院不能强制执行保险金，等等。

可能还会列举出相关法律条文，看起来还真是那么回事儿。笔者是一个怀疑论者，对吹得太神的东西是一定要怀疑的。下面一起来分解一下保险。

8.5.1 保险可以逃债吗

说保险可以逃债貌似是有依据的。《中华人民共和国保险法》第二十四条规定：任何单位或个人都不得非法干预保险人履行赔偿或者给付保险金的义务，也不得限制被保险人或者受益人取得保险金的权利。

保险推销员一般会拿出这条法律规定来向投保人推销，既然任何单位或个人都不得限制受益人取得保险金的权利，那么法院和债权人肯定也不得干预或限制，自然就可以合法逃债了。

如果按照这个逻辑，那么我们完全可以四处借钱，去银行贷款，然后全部用来购买保险，比如分红型、理财型等，尽管闭着眼买就行了，然后按月领取保险金，债权人和法院都只能干瞪眼，我们分分钟就能实现财务自由。

想到这里，笔者已经热血沸腾了，实现财务自由如此简单，还瞎折腾什么啊？但是，人生哪会如此简单？法律保护是合法权益，哪会保护不劳而获、恶意逃债呢？

实际上，在司法实践中，保险权益被法院强制执行的案例比比皆是，只要保单具有财产价值，在法院看来它与银行存单就没有区别，里面都是钱，当然可以执行了。所以，说保险可以逃债的推销员，要么是不懂法，要么就是忽悠。你让他把可以逃债这条写进保险合同试试，他肯定不敢。

有些人可能还会问：如果债务人购买大额保险，受益人指定为子女或父母，是不是就可以逃债了呢？

其实这个问题与将房产过户到子女名下以逃避债务的性质是一样的，关键看购买保险时是否已经产生债务，是否有故意逃债。

（1）如果购买保险时债务尚未产生，那么投保人主观上并无逃债的故意，法院也不能对该保单的财产价值进行处分。

（2）如果投保人在大量欠债无力偿还的情况下，为了逃债而购买保险，即使受益人指定为第三方，法院仍然可以查封并执行该保单的现金价值。

因此，这种情况下所谓的"保险避债"，关键不是"保险"，而是处分财产的时间节点。其实，真的想避债的人，是不会用购买保险这种方式的。

8.5.2　保险能避税吗

能避税是部分保险推销员的另一个卖点。对于保险避税的说法主要是指个人所得税和遗产税，实际上也是在忽悠。

先说所得税。首先我们拿去购买保险的钱都是已经缴过个人所得税的。其次对于保险分红等收益，虽然免征个人所得税，但是存款利息、股票盈利等也同样都是免征个人所得税的，保险收益并没有避税优势。

再说遗产税。虽然一直传言要开征遗产税，但是短期内并没有征收的迹象，这个税种都还没有，更谈不上避税了。

如果非要找出保险能避税的例子，那么确实有，目前对部分个人购买的商业健康保险产品的支出，是允许按最高 2400 元／年（200 元／月）的限额予以税前扣除的，但 2400 元的扣除数，所能节税的金额对一个家庭而言是可以忽略的。

8.5.3　离婚时保险权益可以分割吗

有人可能会对离婚时保险权益是否可以分割这个问题有所疑问，答案是肯定的。那么当一对夫妻离婚时，保险单怎么分割呢？这里分为如下 7 种情况。

情况 1：一方以个人财产购买的保险，且已经用个人财产缴纳完毕全部保费的，保单权益归个人所有。

情况 2：一方以个人财产购买的保险（如婚前购买），但婚后以夫妻共同财产继续缴纳保费的，婚后缴纳的保费（所对应保单现金价值）视为夫妻共同财产进行分割。通常做法是通过变更保险合同将投保人、被保险人与受益人归于同一人，由该方给对方补偿款。

情况 3：双方婚后以共同财产购买的保险，受益人是夫妻一方或双方的，视为夫妻共同财产进行分割。

情况 4：双方婚后以共同财产购买的保险，受益人为第三方的（一般为父母或子女），一般会视为对父母或子女的赠予，不作为夫妻财产分割。

情况 5：一方婚后私下以共同财产购买的保险（另一方不知情），受益人为自己的，视为夫妻共同财产进行分割。

情况 6：一方婚后私下以共同财产购买的保险（另一方不知情），受益人为第三方的，离婚时购买方应少分相应的保费金额（或保单现金价值金额）。

情况 7：一方出险获得的人身损害赔偿，属于受益人个人财产，不作为夫妻共同财产分割。但应该注意的是，这里的受益人是非常有讲究的，95% 的人不清楚其中的玄机。

笔者准备了几道题，如果你全部答对了，那么恭喜你，你的保险知识已经超过 95% 的人了。以李雷和韩梅梅举例：李雷和韩梅梅在婚姻存续期间购买了一份人身意外险，被保险人是李雷，受益人指定为"配偶、韩梅梅"。与韩梅梅离婚后李雷与 Lucy 闪婚，但未变更上述保险的受益人。天有不测风云，不久李雷意外身亡，根据保险合同，保险公司将赔偿 100 万元。

问题 1：这 100 万元归谁所有？

A. 归韩梅梅所有。

B. 归 Lucy 所有。

C. 由李雷的法定继承人继承共同分配（第一顺序继承人为李雷的父母、子女及现任配偶 Lucy）。

问题 2：如果上述保单记载的投保人是李雷，受益人指定为"配偶"，那么这 100 万元归谁所有？

A. 归韩梅梅所有。

B. 归 Lucy 所有。

C. 由李雷的法定继承人继承共同分配（第一顺序继承人为李雷的父母、子女及现任配偶 Lucy）。

问题 3：如果上述保单记载的投保人是韩梅梅，受益人指定为"配偶"，那么这 100 万元归谁所有？

A. 归韩梅梅所有。

B. 归 Lucy 所有。

C. 由李雷的法定继承人继承共同分配（第一顺序继承人为李雷的父母、子女及现任配偶 Lucy）。

正确答案分别是 C、B、A。同一份保单，只是在文字上有一点点差异，最终拿到赔偿金的居然是完全不同的人。

其实，现实生活中的具体情况千变万化，有的更为复杂，买保险时一定要注意，对于不清楚的地方一定要多问问。

最后小结一下，保险作为投资理财和家庭财产配置的一种方式，本身有其独特的优点，但是从财产继承、分割、执行等角度看，其与股票、房产、存款等财产是平等的，都是可分割、可继承、可被法院强制执行的。大家在购买保险时一定要根据自己的需要选择适合自己的险种，千万不要被不良的销售员给忽悠了。

第9章

移动理财：一部手机
即可轻松投资

随着智能手机的兴起，手机便捷的使用与超值的服务越来越受到大众的好评，手机理财业务也由此慢慢崛起。本章主要对市场上最热门的理财产品，如微信、支付宝、京东金融、同花顺等平台进行全面详细的讲解，帮助读者快速从新手成为手机理财高手。

9.1 微信，日常生活必不可少的社交信用

微信是大部分用户在日常生活中不可缺少的社交软件，由微信产生的微商、朋友圈、微信红包、微信支付等功能风靡国内。作为社交平台，微信打造的是先社交后支付模式，非常值得读者对其支付功能进行借鉴和学习。

9.1.1 微信快速关联银行卡

在微信中添加了银行卡支付功能，这为用户通过手机购物、充话费等行为提供了较多便利。下面将介绍在微信中添加银行账号的基本操作。

步骤 01 用户登录微信平台，并在微信平台点击微信主界面下方的"我"按钮。

步骤 02 进入"我"界面，点击"钱包"选项。

步骤 03 执行上述操作之后，点击"银行卡"按钮，如图 9-1 所示，进入银行卡管理界面。

步骤 04 点击"添加银行卡"按钮，如图 9-2 所示。

步骤 05 进入添加银行卡界面，首先需要输入支付密码，如图 9-3 所示。

步骤 06 进入"添加银行卡"界面，输入持卡人姓名和卡号，如图 9-4 所示。

步骤 07 点击"下一步"按钮，进入"填写银行卡信息"界面，设置银行卡的相关信息，输入手机号码。

步骤 08 点击"下一步"按钮，进入"验证手机号"界面，点击"获取验证码"按钮，手机会收到一条验证信息，然后输入该信息即可。

• 图 9-1　点击"银行卡"按钮

• 图 9-2　点击"添加银行卡"按钮

• 图 9-3　输入支付密码

• 图 9-4　输入持卡人姓名和卡号

为了确保微信用户的账户安全，在微信平台上只能绑定持卡人本人的银行卡，不容许绑定其他用户的银行卡。

如果用户在绑定银行卡的过程中需要获得更多的帮助，比如了解哪些银行卡不可绑定、微信支付的细节问题等，则可以致电腾讯的电话客服。

如果用户需要解除银行卡绑定，则可以在银行卡管理界面中点击某银行卡进入相应界面，然后点击右上角的按钮，如图9-5所示。进行操作后，点击"解除绑定"按钮即可解绑银行卡，如图9-6所示。

● 图9-5　点击右上角的按钮　　　　　● 图9-6　解绑银行卡

在解绑时，系统会要求用户输入支付密码进行验证，验证成功后即可解除这张银行卡和微信的绑定。

微信支付密码是在网上购物时的支付密码，用户一定要记住设置为6位数字，为了安全起见，笔者建议不要与银行卡的取现密码一样，而应当另外设置一个密码。

9.1.2　微信理财通有什么优势及使用条件

对微信用户而言，开通使用微信理财通的条件要求较低，只需用户在微信账户上绑定银行储蓄卡即可。

用户在绑定银行卡时，系统就会提示设置微信支付独立密码，设置之后用户就可以使用微信支付功能进行支付。需要注意的是，用户绑定银行卡的同时除了开通微信支付功能，还会完成实名认证功能。

市场上移动理财方面的平台有很多，比如支付宝平台的余额宝、定期理财、基金等，在对众多的移动理财平台进行分析时，用户首先需要关注的就是其金融产品的收益率。

以理财通为例，平台能够在短时间内成为网络的主流理财平台，在于其平台上产品的货币基金收益相比于其他平台要稍高一些。对用户而言，使用微信理财通进行理财的优势并不仅仅在于其收益较高。如图9-7所示为微信理财通理财的3个其他方面的优势。

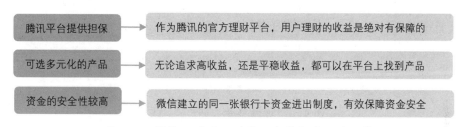

• 图9-7　微信理财通理财的3个其他方面的优势

与支付宝相比，微信理财通的理财操作流程同样非常简单。在资金流通安全性上，支付宝因为支持余额宝等理财方式内的资金直接消费的缘故，其资金存在较大的风险，比如用户手机丢失，容易导致资金被盗。

9.1.3　购买微信理财通产品须知

下面介绍用户理财的4个注意事项，这些注意事项是用户无论在何种平台上进行理财都需要注意的。如图9-8所示为用户理财的4个注意事项内容。

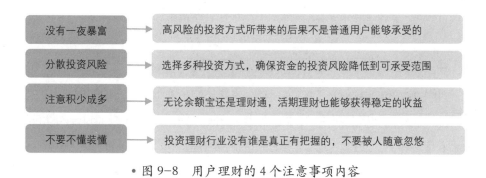

• 图9-8　用户理财的4个注意事项内容

不同的理财平台有不同的买入须知，用户在投资理财时需要格外注意。以微信理财通为例，平台为用户提供了安全卡功能，主要是帮助用户保障理财通的资金安全。如图9-9所示为理财通官方的安全卡界面。

• 图 9-9　理财通官方的安全卡界面

一般情况下，用户第一次购买理财产品的银行卡将自动作为安全卡，用户以后的理财资金只能通过安全卡提取，但是可以通过多张银行卡购买理财产品，这是其他平台所没有的功能。

用户也可以通过微信平台对安全卡进行更换，首先用户需要登录微信平台，在"我"的界面中进入"钱包"功能，点击"理财通"按钮。进入"腾讯理财通"主界面之后，用户点击"我的"按钮，然后选择"安全卡"，即可进行相关操作。

由于理财产品涉及用户的资金流通问题，所以用户在购买理财通产品时需要仔细了解不同金融产品的相关投资风险，并且考虑个人的风险承受能力，然后做出投资决策。无论理财结果是否符合用户预期，都需要买者自负。

9.1.4　通过余额买入进行理财的基本步骤

对刚进来的用户来说，可以通过平台直接用银行卡中的资金购买理财通产品。用户如果已经购买了理财产品，并且想要提升购买额度，则可以通过余额功能进入余额理财界面，通过"买入"的方式进行投资理财。

下面针对该内容进行分析，详细介绍让用户了解通过余额"买入"的基本步骤。

步骤 01　用户进入理财通之后，点击"我的"按钮，进入"腾讯理财通"的个人中心界面。

步骤 02 在"腾讯理财通"的个人管理中心界面，点击"我的资产"按钮，如图 9-10 所示，进入"腾讯理财通"的个人资产界面，如图 9-11 所示。

• 图 9-10 点击"我的资产"按钮

• 图 9-11 个人资产界面

步骤 03 完成上述操作之后，点击已购买的产品旁的"余额+"按钮，进入相关的界面，如图 9-12 所示。

步骤 04 点击"买入"按钮，进入相应的界面，如图 9-13 所示。

• 图 9-12 "余额+"界面

• 图 9-13 "买入"界面

步骤 05 在该界面输入买入的金额，同时勾选"同意服务协议及风险提示"复选框，然后点击"买入"按钮，如图 9-14 所示。

步骤 06 执行上述操作后，跳出"请输入支付密码"对话框，如图 9-15 所示，输入支付密码，即可完成操作。

• 图 9-14　点击"买入"按钮　　• 图 9-15　"请输入支付密码"界面

　　用户通过上述操作步骤，就能看到自己资产的余额，还能看到自己购买的理财产品，以及交易明细、收益明细和理财月报。

　　通过银行卡充值理财通余额，该资金是实时到账的，用户可以立刻使用该资金购买投资理财产品。在余额管理界面，平台也会向用户推荐不同的优质理财产品，希望用户能够购买。

9.1.5　如何利用理财通绑定信用

　　下面对用户购买理财通理财产品的具体步骤进行分析，了解在购买过程中需要注意的相关方面。

步骤 01 用户点击"理财通"按钮，进入理财通主界面，点击下方导航条中的"理财"按钮，如图 9-16 所示。

步骤 02 在"理财"界面，用户可以查看不同的理财产品，根据个人需求选择不同风险种类的理财产品，如图 9-17 所示。

• 图 9-16　点击下方导航条中的"理财"按钮 • 图 9-17　选择理财产品页面

步骤 03　执行上述操作后，进入相应界面，如图 9-18 所示，输入购买金额，选择支付方式，填写地址，然后勾选同意协议的复选框，点击下方的"买入"按钮。

• 图 9-18　点击"买入"按钮

步骤 04　执行上述操作后，跳出"请输入支付密码"对话框，如图 9-19 所示，用户输入支付密码，即可完成购买。

● 图 9-19　输入密码界面

　　用户在理财界面根据不同的选择方式可以得到平台推荐的不同理财产品，然后根据个人需要选择想要的理财产品点击进入购买即可。

9.2　支付宝，轻松做到消费理财两不误

　　支付宝是目前影响力较大的超级 App 之一，其功能的丰富性让用户群体爱不释手，同时支付宝打造的营销概念在市场中的应用也越来越广泛，必将成为未来的主流营销方式之一。下面笔者将针对支付宝理财的内容进行详细的讲解。

9.2.1　支付宝快速关联银行卡

　　关联银行卡是用户利用支付宝进行快捷支付的前提条件，如果用户没有关联银行卡，那么就无法直接使用支付宝完成支付，关联银行卡的操作步骤如下。

步骤01　用户登录支付宝 App，进入支付宝主页，点击"我的"按钮，进入"我的"界面，点击个人头像，进入"个人中心"界面，点击"银行卡"按钮，进入"我的银行卡"界面，这一流程如图 9-20 所示。

步骤02　执行上述操作后，点击右上角的加号按钮，即可进入"添加银行卡"界

面。在"添加银行卡"界面填写持卡人银行卡号，确认无误后点击"提交卡号"按钮，进入手机验证界面，如图 9-21 所示。

步骤 03 进行身份验证，输入银行预留手机号码，然后点击"下一步"按钮，如图 9-22 所示。

• 图 9-20 进入"我的银行卡"界面的流程

• 图 9-21 点击"提交卡号"按钮　　• 图 9-22 点击"下一步"按钮

步骤 04 支付宝平台自动发送校验码到用户申请银行卡时预留的手机号码上。

步骤 05 用户收到校验码后在支付宝 App 的填写校验码界面输入校验码，需要注意的是，由于短信信息受到手机、网络、地区等因素的限制，不一定会立刻显示在用户手机上，用户填写校验码后点击"下一步"按钮。

步骤 06 如果校验码与支付宝平台发送至用户手机上的校验码一致，那么界面显示添加成功，用户点击界面右上角的"完成"字样即可。

在银行卡管理界面，用户可以直接看到支付宝账号已经绑定的银行卡，用户可以点击已绑定的银行卡，进行查看服务网店、蚂蚁借呗、快速转账等功能，除此之外还可以删除已绑定的银行卡。

由于绑定了银行卡的支付宝 App 能够帮助用户实现一键支付，不需要额外输入银行卡支付密码，所以用户在绑定银行卡时一定要注意，为保证账户资金安全，只能绑定认证用户本人的银行卡，以免出现资金纠纷。另外，支付宝平台能够自动识别银行卡账号归属，不需要用户额外输入银行卡所属银行名称。

9.2.2 支付宝芝麻信用详细分析

芝麻信用属于蚂蚁金服旗下的第三方征信机构，为客户提供个人的信用状况数据，并且该数据能够应用于个人信用卡、在线消费、客户融资、入住酒店、线下租房、旅游出行、公共服务等上百个领域。

支付宝中的用户芝麻信用分是芝麻信用通过对用户的相关信息进行分析和评定推出的用户分数，芝麻信用主要考核如下 5 个方面的内容：

（1）用户的信用历史。

（2）用户的消费行为。

（3）用户的履约能力。

（4）用户的身份特质。

（5）用户的人脉关系。

在未来的发展中，随着芝麻信用分的影响力扩大，其会成为支付宝的核心功能之一。信用体系在国内的发展并不成熟，但是支付宝一旦快人一步，建立起全民信用体系，那么未来的成长不可限量。

如何找到芝麻信用呢？用户进入支付宝，然后在首页点击"我的"按钮，即可在相应界面找到"芝麻信用"按钮，点击该按钮，即可进入"芝麻信用"界面。

下面对芝麻信用的相关功能进行步骤详解。

步骤01 在"芝麻信用"界面，点击下方的"信用管理"按钮，如图 9-23 所示，进入"信用管理"界面，如图 9-24 所示。

• 图 9-23　点击"信用管理"按钮　　• 图 9-24　"信用管理"界面

步骤02 在"信用管理"界面点击"信用资料"按钮，添加个人信息，能够快速提升用户的芝麻信用分，依次点击"学历学籍""工作信息""职业信息"等功能，然后完成信息填写，有个人车辆及公积金的用户可以继续填写相关资料。如图 9-25 所示为填写学历学籍的步骤。

• 图 9-25　填写学历学籍的步骤

在"芝麻信用"界面，用户还可以点击下方的"信用生活"按钮，了解芝麻信用分的可用领域和相关活动，这些信息会不定时地进行更新。

对用户而言，需要保持良好的使用习惯，才能够一直快速提升芝麻分。需要注意的是，用户的芝麻分越高，那么其获得开通蚂蚁借呗的可能性就越高，芝麻分低于 600 的用户是很难获得蚂蚁借呗开通资格的。

用户可以点击"芝麻信用"界面中的"芝麻分"按钮，来了解自身的芝麻分情况，如图 9-26 所示。

• 图 9-26 芝麻分解读界面

9.2.3 蚂蚁花呗的小功能大用处

蚂蚁花呗的最大特色就是"这月买，下月还"，用户可以先使用花呗购物，到下个月再还钱，大部分天猫和淘宝的商户都支持花呗功能。

用户使用花呗购物主要集中于 8 类商品或服务，即服装产品、女性饰品、美妆护肤、男女鞋子、零食特产、数码用品、母婴用品和出行服务。

开通蚂蚁花呗需要两个基本条件：一个是用户完成实名认证，年龄在 18~60 周岁之间，并且账户绑定手机号码；另一个是同一身份证或同一绑定手机名下所有账户，只能有一个账户开通花呗。用户在"我的"界面点击"蚂蚁花呗"按钮即可进入"蚂蚁花呗"界面，如图 9-27 所示为蚂蚁花呗的主功能界面。

• 图 9-27 蚂蚁花呗的主功能界面

用户点击蚂蚁花呗界面下方的"花呗权益"按钮，可进入相关界面查看花呗积分情况以及其他可兑换的活动，如图 9-28 所示。

• 图 9-28 "花呗权益"界面

除了上述功能，用户点击"分期商品"按钮，即可进入相应界面查看可分期购买的商品，如图 9-29 所示。

 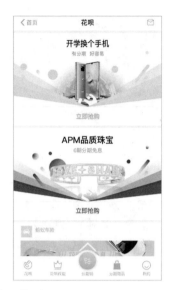

• 图 9-29 "分期商品"界面

9.2.4 如何在蚂蚁借呗享受贷款服务

蚂蚁借呗是支付宝向用户推出的一款贷款服务，对用户而言，最基本的申请开通蚂蚁借呗的条件是芝麻信用分在 600 以上。

用户通过蚂蚁借呗可用申请的贷款额度从 1000 元到 300000 元不等，最长的还款期限为 12 个月，随时可借随时可还，但是不同额度的借款日利率是不同的。

根据蚂蚁借呗客服针对用户开通蚂蚁借呗问题的回答，笔者结合自身的支付宝情况，整理出了用户开通蚂蚁借呗的 5 个条件，如图 9-30 所示。

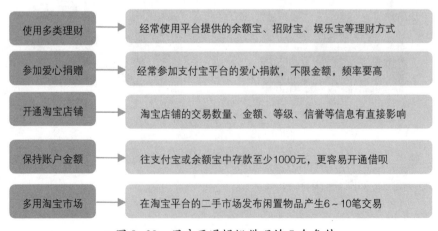

• 图 9-30 用户开通蚂蚁借呗的 5 个条件

9.2.5 基金——方便好用的线上理财

购买基金是投资理财的一种方式，在支付宝平台上，用户可以直接通过支付宝购买基金进行理财。

基金根据不同的分类方式可以分为多种类型，比如根据基金的投资对象不同，就可以分成期货基金、股票基金、债券基金等。用户可以通过电脑访问专业的基金网站，查询相关基金的情况。

如图 9-31 所示为支付宝的基金入口，在支付宝首页输入关键词"基金"，即可进入"基金"界面查看购买的基金。

• 图 9-31 进入"基金"界面

除了进入基金市场，用户还可以通过点击"热门精选"按钮进入"热门精选"界面，了解相关的基金信息，还可以在"热门精选"界面点击"新手入门"按钮查看基金买卖攻略。

9.2.6 股票——随时随地进行投资

股票属于股份公司发行的所有权凭证，每一家上市公司都会发行股票，也是目前影响力最大的投资方式。

由于股票交易涉及大量的资金，容易产生金融市场动荡，所以支付宝平台并不直接向用户提供股票交易功能，而是以提供与股票相关的资讯为主。如图 9-32 所示为支付宝平台的"股票"界面。

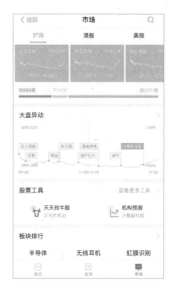

● 图 9-32　支付宝平台的"股票"界面

9.3　京东金融，轻松玩转理财生活

京东金融是京东集团旗下的子集团，京东金融 App 是京东旗下推出的一款移动互联网理财综合服务应用软件。京东金融 App 拥有京东小金库、基金理财、小银票、保险理财、银行理财等多种理财产品。下面笔者将针对京东金融 App 的内容进行详细的讲解。

9.3.1　操作简单便捷的京东基金

京东金融作为互联网理财的巨头企业之一，自成立以来，就开发了许多优质的理财产品，例如"基金"。

"京东基金"的主要特点是简易安全，主要功能是为用户推荐低风险的稳健产品，而且操作简单快捷，能够让用户随时随地实现理财。下面介绍购入基金的具体步骤。

步骤 01 打开京东金融 App，在"财富"界面往下翻，如图 9-33 所示，点击"基金"按钮。

步骤 02 在该界面，可以看到相关产品以及"中低风险""近一年收益率"和"债股双收"等内容，进入"基金"界面，如图 9-34 所示。

• 图 9-33 "财富"界面　　　• 图 9-34 "基金"界面

步骤 03 选择其中一只基金，用户可以看到相关的产品介绍，包括近一年的涨幅、业绩走势等，如图 9-35 所示。详情查看完毕后，点击中间的"一元起购"的按钮，进入下一步。

• 图 9-35 相关的产品介绍

步骤 04 执行上述操作之后，输入购买的金额，点击"确认申购"按钮，如图 9-36 所示。

步骤 05 执行上述操作后，点击立即支付按钮，输入支付密码，如图 9-37 所示。

• 图 9-36　点击"确认申购"按钮　　• 图 9-37　支付界面

步骤 06 点击"立即支付"按钮，之后的步骤按照系统提示操作即可完成 100 元的订单操作，如图 9-38 所示。

• 图 9-38　订单完成页面

9.3.2　先消费再付款的白条

用户如果想要使用"京东白条"，首先就要激活"京东白条"，目前来说，用户能够激活的白条包括两种：一种是普通白条；另一种是校园白条。

激活普通白条和激活校园白条所需要的条件不一样，激活普通白条的条件如图 9-39 所示，激活校园白条的条件如图 9-40 所示。

> 1）激活普通白条需要您在京东有良好的消费记录。如果您是新用户，建议先不要尝试激活白条。
>
> 2）激活过程中您可能需要绑定储蓄卡或者信用卡（我们会根据您的京东消费情况判断您需要绑定储蓄卡还是信用卡）以验证身份。目前支持的储蓄卡有：建设银行、中国银行、浦东发展银行、光大银行、华夏银行、上海银行、兴业银行、广东发展银行、江苏银行；支持的信用卡有：工商银行、建设银行、中国银行、浦东发展银行、民生银行、中信银行、光大银行、华夏银行、上海银行、南京银行、广东发展银行、江苏银行。
>
> 普通白条可以在线上直接完成激活，无需面签。

• 图 9-39　激活普通白条的条件

> 目前校园白条支持大陆部分高校的本科生、硕士生和博士生，暂不支持大四和硕士三年级的学生。校园白条激活分为线上申请和线下面签两部分。线上申请时，需要您提供姓名、身份证号、学籍、联系人等信息。线上申请通过后，您需要到白条面签点进行面签，核对身份证信息，并完成激活。

• 图 9-40　激活校园白条的条件

9.3.3　随贷随还的金条

用户不仅能够利用"白条商城"进行购物，还能利用"白条贷款"功能进行贷款，贷款虽然需要偿还利息，但是用户通过贷款，可以实现提早买房、买车、装修等日常行为，让生活更加幸福美好，这也是一种打理财产的方式。如图 9-41 所示为进入"金条贷款"界面的操作步骤。

• 图 9-41 进入"金条贷款"界面的操作步骤

9.3.4 优惠多多的"小白卡"

"小白卡"是京东白条发布的联名信用卡，目前支持的银行有中信银行、光大银行、招商银行、中国银行等 14 个银行，有关"小白卡"的介绍，京东给出了如图 9-42 所示的解释。

1、什么是小白卡？
京东白条联名信用卡，又名"小白卡"。京东金融实名、白条账户、信用卡账户的身份信息需一致，一卡兼具双重额度，线下消费线上优惠，积分永不过期。

• 图 9-42 "小白卡"的介绍

用户办卡的步骤如下：

步骤 01 进入"京东金融"App 后，点击"白条"按钮，进入"白条"界面，如图 9-43 所示，点击"小白卡"按钮。

步骤 02 进入"小白卡"办卡界面，会看到可以选择的银行卡种，如图 9-44 所示。

• 图 9-43　"白条"界面

• 图 9-44　"小白卡"办卡界面

步骤 03　选择其中一种银行，根据不同卡片的功能特点选择喜欢的卡片，点击"GO"按钮，然后点击"立即申请"按钮，如图 9-45 所示。

步骤 04　进入填写信息界面，如图 9-46 所示，用户将基本信息填写完整，然后点击"下一步"按钮。

• 图 9-45　选择卡种界面

• 图 9-46　填写信息界面

接下来的步骤，用户只要根据系统提示进行操作即可。

小白卡有哪些特色呢？对用户的理财又有哪些帮助呢？拥有了小白卡，用户可以每天登录 xbk.jd.com，参与互动，得各种惊喜，还可以利用小白卡的积分换取京东钢镚，在京东商城消费时，1 钢镚可抵 1 元钱。

除此之外，用户还可以不定期地享受其他的优惠活动，例如京东购物满 108 立减 18 等。

9.4 同花顺，实时掌控股市风云

同花顺是一款老牌炒股软件，凭借十多年为千万股民服务的经验及股民口口相传，在如大智慧、东方财富网、益盟操盘手、和讯股票等一应软件中脱颖而出。

同时，其手机版具有行情交易速度快、数据全、支持券商多等优势，成为股民的第一选择。

9.4.1 如何查看大盘指数

使用同花顺手机炒股软件查看大盘指数的具体操作方法如下。

步骤 01 打开同花顺手机 App，点击"大盘指数"按钮，如图 9-47 所示。

步骤 02 执行上述操作后，进入"市场行情"界面，显示国内外的常用指数，如上证指数、深证成指、创业板指、沪深 300、上证 50、中证 500、日经指数、道琼斯、纳斯达克等，如图 9-48 所示。

• 图 9-47　同花顺手机交易软件主界面　　• 图 9-48　"市场行情"界面

步骤 03 选择某种大盘指数后，点击进入其分时走势页面，如图 9-49 所示。

步骤 04 在分时图中可点击显示与移动光标，并以浮动框显示光标时间点的分时数据信息，如图 9-50 所示。

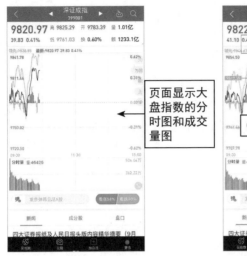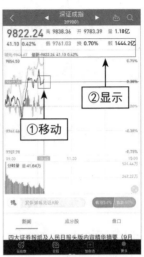

● 图 9-49　大盘分时走势页面　　　● 图 9-50　显示相关信息（1）

步骤 05　用户也可以结合 K 线图走势进行分析，以提高预测准确度。按住屏幕向右翻动，即可进入大盘 K 线图页面，如图 9-51 所示。

步骤 06　在 K 线图中可点击显示与移动光标，并可以查看光标时间点的相关数据信息，如图 9-52 所示。

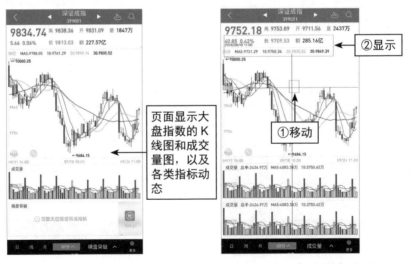

● 图 9-51　大盘 K 线图页面　　　● 图 9-52　显示相关信息（2）

步骤 07　点击右下角的"周"按钮，设置 K 线周期显示，如图 9-53 所示。

步骤 08　点击下方的指标名称，在弹出的菜单中可以选择 K 线图的辅助指标，如图 9-54 所示。

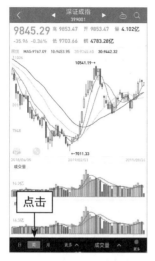

• 图 9-53　设置 K 线周期显示

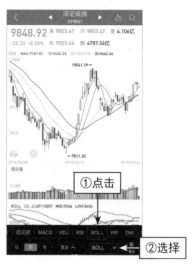

• 图 9-54　设置辅助指标

9.4.2　如何查看涨跌排名

使用同花顺手机炒股软件查看涨跌排名的具体操作方法如下。

步骤 01　在同花顺主界面点击"涨跌排名"按钮，如图 9-55 所示。

步骤 02　进入"市场行情"界面，可以看到默认显示"沪深"模块涨幅榜，如图 9-56 所示。

• 图 9-55　点击"涨跌排名"按钮

• 图 9-56　"市场行情"界面

步骤 03 点击顶部的不同标签，用户可以切换查看指数、沪深、板块、港美股以及其他市场行情，如图 9-57 所示为板块的市场行情。

步骤 04 在"沪深"模块中，向上滑动屏幕，还可以查看沪深股票的跌幅榜、快速涨幅榜、量比排行榜、成交额排行榜等数据，如图 9-58 所示。

• 图 9-57　板块的市场行情　　• 图 9-58　成交额排行榜

步骤 05 点击"更多"按钮，可以查看更多股票的涨跌幅信息，如图 9-59 所示。

步骤 06 点击"涨幅"或"涨跌"标签，可以切换查看相应的升序或降序排列方式，如图 9-60 所示为"涨跌"的降序排列。

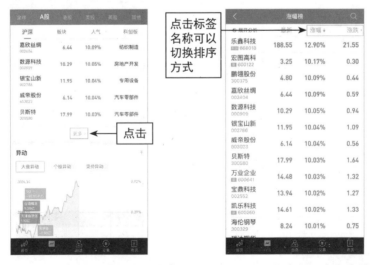

• 图 9-59　更多股票的涨跌幅信息　　• 图 9-60　"涨跌"的降序排列

步骤07 在数据区域左右滑动屏幕，还可以切换查看星级、量比、换手、振幅、涨速、市盈（动）、市净率、流通市值、总市值、金额、总手、现手等排行数据，如图 9-61 所示。

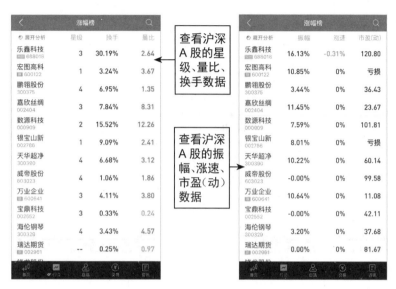

• 图 9-61（1） 星级、量比、换手、振幅、涨速、市盈（动）的详细数据

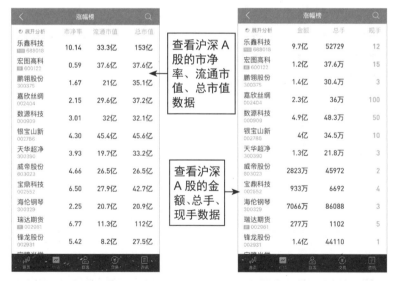

• 图 9-61（2） 市净率、流通市值、总市值、金额、总手、现手的详细数据

步骤08 返回"市场行情"界面，点击"港美股"按钮进入其界面，可以查看 AH 股的涨幅和溢价率，如图 9-62 所示。

步骤 09 返回"市场行情"界面，在"港美股"界面，可以查看美股（道琼斯、纳斯达克、标普 500）的相关行情，如图 9-63 所示。

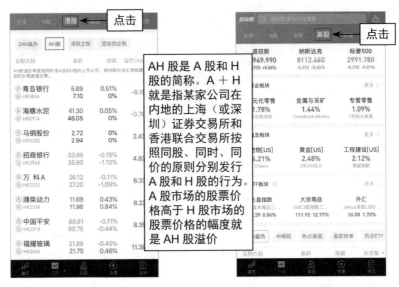

• 图 9-62　"AH 股列表"界面　　　　• 图 9-63　"港美股"模块

步骤 10 返回"市场行情"界面，点击"其他"按钮进入其界面，可以查看现货市场、全球市场、基金、个股、债券的相关行情，如图 9-64 所示。

• 图 9-64　"其他"模块

步骤 11 点击其中任何一个按钮，都会显示按钮所代表的市场，如点击"沪深国债（放贷宝）"按钮，将显示沪深国债的理财产品。

9.4.3 如何查看个股行情

使用同花顺手机炒股软件查看个股行情的具体操作方法如下。

步骤 01 在同花顺主界面点击右上角的搜索按钮 🔍，如图 9-65 所示。

步骤 02 执行上述操作后，进入"股票搜索"界面，在搜索框中输入相应的股票代码或名称，如格林美的股票代码"002340"，如图 9-66 所示。

● 图 9-65　点击搜索按钮　　● 图 9-66　"股票搜索"界面

步骤 03 输入完成，系统会自动切换至格林美分时走势图，如图 9-67 所示。

步骤 04 点击下方的"分时量"图表，可以在"量比""分时量""大单净额""大单金额"等图表中切换，如图 9-68 所示。

步骤 05 点击右侧的"五档""明细""成交"等标签，可以切换查看相应的盘口数据等，如图 9-69 所示。

步骤 06 按住屏幕向右翻动，即可进入 K 线图页面，如图 9-70 所示。

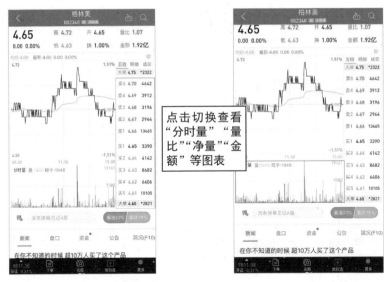

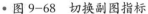

点击切换查看"分时量""量比""净量""金额"等图表

- 图 9-67 切换至分时走势图界面

- 图 9-68 切换副图指标

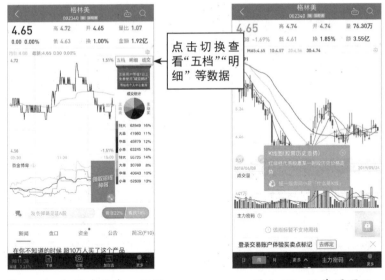

点击切换查看"五档""明细"等数据

- 图 9-69 切换查看盘口数据

- 图 9-70 K 线图页面

9.4.4 如何查看财经新闻

使用同花顺手机炒股软件，在走势图界面就可以查看当前股票的相关新闻，具体操作方法如下。

步骤 01 在同花顺 App 中，进入相应个股的走势图界面，点击底部的"新闻"按钮，如图 9-71 所示。

步骤 02 向上滑动屏幕，执行上述操作后，即可查看最新的个股财经新闻列表，如图 9-72 所示。

● 图 9-71 点击"新闻"按钮　　● 图 9-72 最新的个股财经新闻列表

股市作为目前最大的投资市场，长期以来占据着人们投资理财最重要的地位。随着移动互联网技术的进步、市场的发展，如今人们开始使用手机查阅各种股票信息。对新手投资者来说，当看到股市盘面后，常常会被复杂的数据与各种曲线弄得头晕脑胀。实际上，投资者可以通过手机 App 快速了解这些内容，轻松看懂各种盘口信息，从而更准确地找到股价的运行方向。

同花顺手机炒股软件最大的特点就是操作非常简便，用户使用体验优秀，同时具备强大的行情资讯功能，在移动互联网时代，其可以帮助手机用户掌握主力和机构动态以便在股市中获利。

步骤 03 点击相应新闻标题，即可查看具体内容，如图 9-73 所示。

步骤 04 点击内容页中的相关链接，即可查看相应内容，如图 9-74 所示。

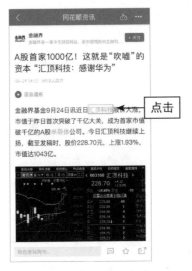

● 图 9-73　个股新闻内容　　　● 图 9-74　相关链接内容

9.4.5　如何查看盘口动态

使用同花顺手机炒股软件查看个股盘口动态信息的具体操作方法如下。

步骤 01　在个股分时图界面，点击底部的"盘口"按钮，如图 9-75 所示。

步骤 02　向上滑动屏幕，执行上述操作后，即可查看个股所属板块、今日资金流向和盘口数据，如图 9-76 所示。

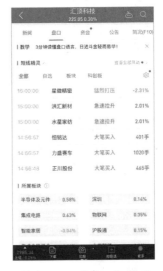

● 图 9-75　点击"盘口"按钮　　　● 图 9-76　"盘口"界面

9.4.6 如何查看基本信息

使用同花顺手机炒股软件，用户不但可以快速评价个股，还可以及时查看个股的公告、简况、财务以及研报等基本信息，具体操作方法如下。

步骤 01 进入个股分时图界面，点击底部的"论股"按钮，如图 9-77 所示。

步骤 02 向上滑动屏幕，即可查看其他投资者的评论，如图 9-78 所示。

• 图 9-77　点击"论股"按钮　　• 图 9-78　"论股"界面

步骤 03 向上滑动屏幕，在下方的文本框中输入评论内容，如图 9-79 所示。

步骤 04 点击"发送"按钮，即可发表评论，如图 9-80 所示。

• 图 9-79　输入评论内容　　• 图 9-80　发表评论

步骤 05 切换至"公告"界面，可以查看该股的相关公告，如图 9-81 所示。

步骤 06 切换至"简况"界面，可以查看该股的主要指标、概念题材以及公司资料等基本信息，如图 9-82 所示。

• 图 9-81　"公告"界面　　　　• 图 9-82　"简况"界面

步骤 07 将页面向下滑，即可查看相关详情，如图 9-83 所示。

步骤 08 切换至"财务"界面，即可查看个股的财务状况，如图 9-84 所示。

• 图 9-83　查看相关详情　　　　• 图 9-84　个股的财务状况

步骤 09 点击主要指标区域右侧的"更多指标"，即可查看个股指标的最新详情，如图 9-85 所示。

步骤 10 点击底部菜单栏中的"年报"按钮，即可查看上一年的年报数据，如图 9-86 所示。用户还可以查看中报、一季报、三季报等。

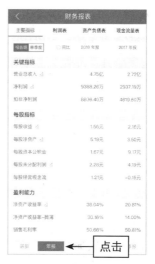

• 图 9-85　最新指标详情　　　　• 图 9-86　查看年报数据

步骤 11 切换至"研报"界面，即可查看个股的研报信息列表，如图 9-87 所示。

步骤 12 点击相应的研报标题，即可查看资讯正文，如图 9-88 所示。

• 图 9-87　"研报"界面　　　　• 图 9-88　查看资讯正文

9.4.7 如何添加自选股

自选股，顾名思义，就是自己选择的股票库，即把自己看好的股票加入自己选定的股票列表中，用时可以查看多个股票。在每个交易软件中都有"自选股"项目，将自己选择的股票代码输入后，该股票的各种数据由软件自动生成，这样用户就不用再在其他地方分散找，调阅起来很方便。

手机炒股，看行情，成为热门的趋势。投资者不再需要实时守在电脑旁边，即可做好股票交易。那么，对于自选股，即投资者自己关注的股票，应该如何添加到手机软件中呢？下面介绍使用同花顺手机炒股软件添加自选股的具体操作方法。

步骤01 打开同花顺手机交易软件，登录主界面，点击"涨跌排名"按钮，如图9-89所示。

步骤02 进入"市场行情"界面，选择感兴趣的股票打开，如图9-90所示。

● 图 9-89　点击"涨跌排名"按钮　　● 图 9-90　选择感兴趣的股票

步骤03 执行上述操作后，即可打开股票走势界面，点击右下角的"加自选"按钮，如图9-91所示。

步骤04 执行上述操作后，即可将当期选择的股票加入自选股，如图9-92所示。

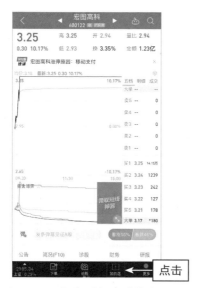

• 图 9-91 点击"加自选"按钮

• 图 9-92 添加自选股

步骤 05 也可以不进入"涨跌排名"界面，直接点击主界面右上角的搜索按钮，如图 9-93 所示。

步骤 06 在搜索框中输入自己关注的股票代码和名称，点击左侧的"＋"号加入自选股，如图 9-94 所示。

• 图 9-93 点击搜索按钮

• 图 9-94 点击"＋"号

第 10 章

错误的理财：盲区看不清会血本无归

为了在理财中尽可能获得最大盈利，投资者需要对个人的状况做一个全面的透析。无论是你的个人收入，还是已有的理财产品，都需要做全方位"体检"。投资者需要根据自己的条件，看清盲区，做出正确的选择，这样才可能积累更多财富，实现致富梦想。

10.1 放弃这 3 件事，否则投资不可能赚钱

最近公司的同事凑了一些钱，笔者做投资决策，同事负责下单，我们花了约一个月的时间终于完成了资产配置和建仓。

后来，这位同事问："我们要不要留下一点钱来跑短线、搞点妖股什么的？比如之前你说的金逸影视明明看对了却没有参与，不是很可惜吗？"

笔者是这样回答的："那是你没看见我看错的时候，我为什么在资产配置上没有留下这笔炒短线的钱？因为投资获利之道其实是一门放弃的艺术，你越早意识到一些投资方式赚不到钱，并放弃它们，就能越早跨入赚钱的门槛。"

同事不以为然，笔者也只能会心一笑。这些道理其实书本上都有，只是没有经历过血的教训的人不愿意相信这些事实。但是，不管你是否愿意相信，对绝大部分人来说，如果你不放弃一些事情，那么你的投资就可能永远赚不到钱。

这样的事情都包括哪些呢？有挺多的，但笔者认为如下 3 点最为重要。

10.1.1 尽快放弃短线交易

关于短线交易有一个美丽的神话：任何市场趋势的发展都不是一条直线而是一条折线，所以在一个看涨的趋势中，买入并持有并不是收益最大化的，投资者应通过短线交易低买高卖，赚折线上涨的钱。

的确，赚折线上涨的钱肯定比买入并持有多得多，然而，对于低买高卖这回事我们真的做得到吗？也许有人做得到，但是一般投资者肯定不行。

原因很简单，先不说是否存在一种技术能让你精准地实现低买高卖，仅从概率上来分析，这件事就是一个低概率的事件。在此笔者和大家分享一组数据：

如果从 1996 年开始，你持有上涨指数到 2015 年，那么可以获得大约 10%的复利年化回报；如果在这个 10 年间你错过其中涨幅最大的 4 天，那么你的回报率将下降至 8%；如果错过其中 40 个涨幅最大的交易日，那么这 10 年的投资

回报率将变成每年亏损 3.8%。

想想看 40 天的时间就决定了你 10 年投资是否赚钱，而短线交易刚好在这 40 天持有股票的概率有多少？按照交易日算，也就 2% 的可能性，这个概率是很低的。无数的书本知识都在告诉我们，投资要做长期持有，就是这个原因。

事实上，根据美国对退休基金的研究发现，选时对投资回报的贡献也只有 1%，而超过 90% 的收益贡献来自资产配置本身，除此之外选股可以贡献 4%。所以，你会用未来 1% 的收益贡献去冒一个 98% 错过最大涨幅的风险吗？

除了数据统计上的低概率，站在人的心理层面，短线交易更加不可取。每个人都知道，人性中的贪婪和恐惧是投资的最大敌人，对于这个最大的敌人很多人告诉你，我们要战胜它。

但是，战胜真的是最好的选择吗？显然不是。无论你意志力多么强大，想要战胜已经刻入我们每个人基因的贪婪和恐惧，过程都将无比痛苦。而在短线交易下，贪婪和恐惧这两个敌人无时无刻不在折磨着你，一个理性的人早晚会成为它们的俘虏。当你成为俘虏的那一刻，离亏钱就不远了。

10.1.2　尽快放弃满仓交易

笔者做了一套表情包，其中有一个是很多投资者都喜欢的，如图 10-1 所示。为什么大家都喜欢呢？因为表情包用起来比文字表达更痛快啊。不过，痛快是痛快了，在实际的投资中，这种在一种资产上的满仓交易却十分有害，在任何时候我们都不应该满仓交易。

• 图 10-1　表情包

看到这里，你可能会说："你说得不对，难道股市是牛市，我也不可以满仓交易吗？"是的，不可以。因为所谓的牛市往往都是回头看我们才知道那是牛市，"事后诸葛亮"说的就是这种情况。

在实际的市场中，未来总是充满不确定性的。投资为了赚钱无可厚非，但是投资者如果只把眼睛盯在赚钱上而不考虑亏钱的情况，那么基本上必败无疑。原因很简单，对于赚钱我们在心理上可以无上限地承受，但是对于亏钱我们确实有承受极限。

如果只考虑赚钱，那么我们当然是满仓一把梭，但这样做的后果是，巨大的波动性将超出你的心理承受范围，最终你可能因超出心理承受能力而丧失理性判断。这种心理上的不对等，即使你判断对了牛市，也可能在牛市的途中被甩下车。

所以，在投资实践中至少要有两种风险收益属性的资产。它们可以帮助你降低总波动，帮助你把亏损始终控制在可承受范围内。即使你真的做错了，也可以让自己处于有后手的状态。否则当机遇真的来临了，你已经弹尽粮绝，这样的人生遗憾还少吗？

10.1.3　尽快放弃孤立投资

经常有人问笔者："手中有 200 万元该怎么投资？"说实话，对这种问题笔者真的无法回答。这 200 万元是什么钱？你除了这 200 万元还有多少钱？你家里的情况怎么样？这 200 万元未来是干什么用的？对这些问题笔者都一无所知，也就无法回答。

很多人把投资当成一件孤立的事情来做，他们不与自己的生活和财务状况相联系，结果就是"一通投资猛如虎，市场动动胆如鼠"了。

钱看上去都是一样的，但是不同的用途却给予钱不同的投资限制。比如，这 200 万元是下个月用来交房子首付的，结果你拿去炒股了，买了之后股票就跌，一个月后出来亏 10%，结果卖了之后股票涨 50%。对于这种情况你是否能忍受？大家不要觉得笔者危言耸听，笔者的一个朋友就在 2018 年年初亲身体验了一把这种情况。

所以，投资是理财的一部分，没有好的理财规划作为基础，投资将受到种种意想不到的干扰。投资赚钱已不易，还要被市场外的因素干扰，那么你还能赚到钱吗？

成功的投资开始于你懂得放弃，那么人生呢？懂得放弃往往代表你走向成熟。投资如人生，是有道理的。

4 个小技巧，助你投资少走弯路

笔者有一个朋友，热情开朗，但就是有选择困难症，经常拿不定主意，需要别人帮忙。比如，约好了要一起吃饭，她出门前会发几张图片问闺密：选哪个口红颜色好啊？吃饭的时候会纠结：这个菜好吃但热量高，那个菜清淡但不够味。看了半天，最后也下不了决心，还是让朋友全权做主。

面对投资的时候，她的选择困难症也偶尔会犯。比如她接到一个电话，说某某证券只对高净值人士提供收益率在 20% 以上的股票，她心动了，于是问：现在股市快到底了吧，某某证券也算大的机构吧，是不是能买点？

对于这种明眼人一听就知道的骚扰电话，她可能真的会相信。看到一篇文章推荐基金定投很好，她又纠结是不是要做定投。好在，她知道投资不像选菜，会咨询身边搞金融的朋友。

其实，不光是这位朋友，不光是投资，在生活中我们也经常会陷入选择的困境。比如在辞职和不辞职之间纠结，结果蹉跎时间没有任何改变，比如看了很多套房子，却迟迟不能决定，结果只能看着房价不停上涨。

选择困难症犯了怎么办呢？我们每个人从早上醒来开始就不停地在做选择。要不要起床，午饭吃什么，点开哪条朋友圈，乘地铁、打车还是开车，都是在做选择。可是如果对每个选择我们都要去寻求最优解，那么估计什么也做不好。

1978 年的诺贝尔奖获得者 Herbert Simon 发现：那些希望获得最大化回报的公司，最终会因无休止地寻找最优决策而破产。如果在选择的时候，能有办法让我们比别人更快地做出决定，那么会让我们在效率上胜出，即使有时候选择不一定最优，但至少赢得了后面努力的时间。因为，选择只是第一步，更关键的还需要后面的持续努力。

下面和大家分享 4 个小方法，也许能在你投资遇到困惑时帮到你。

10.2.1　高收益＝高不确定性

在投资中我们经常会提到的，就是风险与收益的匹配。一般来说，高风险的产品必定伴随着收益的高度不确定性。而我们之所以纠结于各个选择，就是因为不想面对这种不确定性。

比如我们知道股票的风险高，收益也高，但我们总想避免股票收益的不确定性，希望有人直接告诉我们一只保证会赚的股票。可事实是，能直接告诉你有这种股票的人，往往都是骗子。

不愿放弃稳定性，又想追求高收益，这几乎是一个不可能完成的任务。

其实这种纠结就像你希望有人告诉你一只稳赚的高收益股票一样，没有人敢打包票，而过于追求稳定，就像把钱都存银行定期一样，你又能期待它的收益有多高呢？

10.2.2　有所得＝必须舍

人们总说舍得舍得，是因为有舍才有得，没有舍就有得，那是不劳而获，终究不能长久。当我们面对选择纠结时，不如想一想，在最坏的情况下，我们需要放弃什么，需要拿什么东西去换，而那个拿去换的东西如果失去了自己是否可以承受。

很多时候，我们的纠结来自不想放弃又想获得，才会陷入挣扎。比如：不想深入学习投资，又想获得较高的投资收益；不想放弃现有工作的稳定安逸，又想获得更高的薪酬，等等。

在承受能力有限的情况下，做出一个选择，意味着放弃其他。当你选择了牛奶和面包当早餐，就会吃不下白粥和馒头。

10.2.3　不把选择太当回事

我们对选择之所以犹豫不决，往往是因为太在乎选择后的结果。但实际情况是，如果回头去看自己的人生，那么会发现很多重要的决定往往都是不经意之间做出的，在做出选择的当下并没有特别纠结，也没有意识到那一天有什么特别之处。比如你认识人生另一半的那一天。

相反，有一些我们认为的重要的决定，现在看来，未必对自己的人生产生了巨大的影响，比如人生中的第一份工作。当时纠结这，纠结那，对比这个对比那个，最终也只是一个过渡。

因为，选择虽然重要，但也只是一个开始，关键还得看后面的努力。如果没有后面持续的付出积累和持续经营，那么即使当时来看再正确的选择，也敌不过世事变迁，就像很多郎才女貌的登对夫妻，最终被生活的琐碎打败一样。

笔者经常说要保持正念，因为在我们投资理财的过程中，也会面临无数的选择，面对各种可能性，如何保持自己的正念，就是我们盈利的关键。

所以，选股票还是选基金？还是得根据自己的情况来，人云亦云终究都是浮云。

10.2.4　在投资中如何看待"运气"

有一个粉丝给笔者打赏了 200 元，并留言说感谢笔者，赚钱了。笔者和这位粉丝多聊了两句，问他为什么要感谢。

他说，2018 年年底，他听了笔者的"2019 年投资策略课"，在课上笔者建议投资 5G 这个板块，于是他经过研究买了东方通讯，后来的故事大家就都知道了。东方通讯成了 2019 年最"妖"的一只股票，从 2018 年年底到现在已有近 3 倍的涨幅。

听他这么一说，其实笔者是比较尴尬的。按照笔者的投资风格即使去投资 5G 这个板块也是建议买通讯的指数基金，再次最多也就是中兴通讯这样的龙头，绝无可能建议买一个靠卖 ATM 机和买银行理财赚钱的东方通讯，这不是笔者的风格。

事实上，这位粉丝能赚到钱和我一点关系都没有，买中这样的股票完全是他运气好。如果非要说和我有什么关系，那么我最多也就是一个吉祥物的角色。

与粉丝交流后笔者还是很感慨的。对于投资这件事，笔者是一个保守主义者，也坚信价值投资才是散户投资的唯一正确之路。但是，靠运气爆棚投资收益就能甩你几条街的人也大有人在。

其实，不仅在投资领域，在整个人生中，也有太多的事情是受运气左右的。

既然运气对于人生如此重要，那么我们整天如此努力，分析这个公司那个公司的还有什么意义呢？运气对于投资是不是也一样重要呢？运气在投资中到底发挥着什么样的作用？想明白这些事情是很重要的，否则在市场的波动中你永远只能是一棵随波逐流的小韭菜。下面进行详细分析。

1. 运气在什么样的事情上至关重要

要想搞明白运气在投资中的作用，我们首先要知道，运气在什么样的事情上至关重要。其实只要多看看英雄人物的传记和人生，我们不难发现：运气在人生中的低频事件上至关重要。

比如，填报高考志愿，应聘求职或者在关键的时刻遇见了对的人，等等，这样的事情都属于低频事件。对于这些事件，概率分布是不起作用的，随机的运气就成了至关重要、决定成败的因素之一。

如果高考成绩是你从上学以来所有期末考试成绩的平均分，那么此时，运气基本就没有什么用处了。

既然运气只在低频事件中发挥重要作用，那么投资是高频事件还是低频事件呢？很显然，投资对人生来说是一个高频事件。大家可以算算账，对一个普通的有点资产的人来说，每个月都会有收入，这些收入去掉支出后都需要拿去做投资。

如果你在 22 岁时大学毕业，60 岁退休，那么你一生中需要做出的买入投资决策次数就有 456 次，如果每一个买入都对应一个卖出，投资周期是 5 年，那么一个人一生中的投资次数 =（60-22）÷5×456×2 次，为 6300。

此假设是站在一个长期投资者的角度，如果你是一个短线投机者，那么这个次数很可能是几万次，想想面对如此高频的事件，运气还能起到多大的作用呢？

2. 运气在高频事件上有作用吗

运气在投资中没有作用，从客观上来说，确实是这样。但是如果算上人的主观行为，那么运气实际上对投资是有作用的，不过这个作用并不是正相关，恰恰相反，好运气对投资是有害的，而坏运气往往是有利的。

为什么会有这样的负相关作用关系发生呢？因为如果你因运气好而获得收益但自己又没有意识到是运气因素而以为是自己能力强，那么在高频的投资面前，则会因过度自信而遭受损失。

反之，如果你运气不佳亏钱了，从而因此认识到自己的不足，认真研究学习，投资越来越谨慎，那么反而未来的投资收益可能会变好。国际上有一个研究，就是女性基金经理的整体业绩水平好于男性基金经理，原因何在？就是过度自信的问题，过度的自信产生更频繁的交易，交易越频繁运气的作用消失得越快。

3. 好运气对投资还有什么坏处

好运气对投资的坏处，除了过度自信的因素，还有一个就是好运气带来的收益往往过于容易，从而降低了我们的消费成本，促使人们更过度地消费。

对此笔者相信大部分人有同感，辛辛苦苦工作得来的钱叫血汗钱，花起来肝颤，而炒股票得来的钱花起来就没那么心疼了，就像打赏出手就是 200 元一样，洒洒水而已。然而，钱就是钱，它不会因怎么来的而发生本质变化，而运气又缺乏连续性，最终的结果往往是爽一时，却给未来带来痛苦。

据美国人统计，那些买彩票中大奖的人，60% 以上的最终会返贫，甚至比原来还要穷，其背后就是这个道理。

那么怎样消除运气给投资带来的负面作用呢？很简单，认知到这件事情就行了。相对于赚钱，很多时候搞清楚赚钱的原因更加重要。搞清楚之后，你会发现，任何赚钱方式都不是一件简单、轻松的事情，此时运气的戾气也就不攻自破了。

10.3 3 种选择，避免落入交易策略陷阱

有一段时间黄金市场又开始动起来，但是笔者的一个朋友说他的多单套住了。为什么会套住呢？他说去年花了 2 万元 / 年的费用，买了一家咨询公司的黄金交易操作策略。本来照着做一直挺好，孰料这轮下跌一直做多，不管涨跌都是做多、做多……涨够手续费就叫平仓，跌的时候一边跌还一边叫加仓，结果从 2 月到现在黄金一直跌就一直加，最后被重仓套住了。

朋友问该怎么办？笔者不客气地回了一句：凉拌。被套住了才来想怎么办？晚了，这原本在交易策略开始的时候就要避免的。

做 TD 黄金这种杠杆交易，重仓被套的损失是极其惨重的。之前赚多少都是白搭，如果一个交易策略让你陷入这样的境地，那么无疑这种操作策略就是垃圾。

随着国内投资黄金、白银、外汇、石油等商品投资渠道的成熟，除了投资股票，

越来越多的人想在这些市场中投机。这本身无可厚非，虽然笔者一直主张价值投资，科学理财，但是从来不排斥投机。

打麻将还有个搓麻技巧，那么投机呢？当然也需要好的交易策略。但是，很多投资者连黄金、外汇这些市场分析都不懂，怎么可能会做投资策略呢？学习也要一段时间不是？于是，一些机构很贴心地为投资者提供了各种各样的交易策略服务，不懂不要紧，照着做就行。

然而，真的照着做就行了吗？这些交易策略中的"坑"可比那些P2P还要"坑"。

那么我们应该如何避免落入交易策略陷阱？其实最好的办法就是对不懂的市场不要做。但是有暴利机会的地方就会有江湖，我就是想去黄金、外汇市场投机，但又不想学习市场分析的知识，只能依赖现成的买卖交易策略进行买卖，怎么办？

答案是起码要知道如何分辨交易策略，避免掉进坑里。下面从3个方面进行具体分析。

10.3.1 选择没有利益冲突的机构提供交易策略

两年前，市场上有很多交易商品的地方交易所，这种交易所下面的会员机构基本上是和投资者对赌的，在这种利益冲突下的策略，如果你敢信就真是自讨苦吃。

不过好在经过这两年的金融整顿，这类利益冲突型的机构基本上退出市场了。现在的机构几乎都是提供交易渠道给投资者，然后通过手续费赚钱，这些机构都是正规的银行或者银行下面的代理商。

这些机构赚取手续费，如果投资者在交易的同时又能赚点钱，那么机构和客户不就双赢了吗？如果机构和投资者的利益一致，这些机构出的交易策略应该是可信的吧？确实，这些交易机构从长期上来看和投资者的利益是一致的，甚至一些银行选择一些投资咨询公司给客户提供交易策略服务的时候，还会用策略是否能赚钱作为评价标准。

然而，这种利益一致性显然是长期的，而对机构来说短期的利益却是投资者的频繁交易，这样手续费才能最大化。所以一些拿交易策略刷单的机构大有人在，而那些看上去强调长期利益的机构，真的到了关键时刻，心理的天平还是会往自己的短期利益上偏离。

例如，一段行情看下来拿不准的时候，策略上应该是观望才合理，但是在这样的利益格局下，心理天平稍稍一偏，策略上就变成买或者卖了，这显然对投资者不利。至于机构统计出来的所谓准确率和赚钱比，大家看看就好了，水分大得很，不值得一看。

10.3.2 选择以风险为第一优先条件的交易策略

投机如何在一段较长的时间里持续赚钱？是判断的准确率高吗？是运气好吗？都不是，是最懂得如何亏钱的策略。

记得笔者在中学时报了一个散打培训班，教练在第一节课就告诉我们，要想打人必须先学会挨打，否则你打别人五拳人家没事，人家一脚就把你踹地下起不来了。

投资也一样，要想赚钱，先学会亏钱，否则赚了五把，结果亏一把就全没了，这样是不行的。事实上，真正的策略高手都是风险管理高手，而不是其他。因为对于获利，即使你不懂得判断市场，靠运气有时候也是可以的。

对于市面上经常强调自己的准确率有多么高的策略，基本忽略就行了。笔者见过吹嘘自己的准确率高达 80% 的人，当时听了就想笑，但是为了给人家留面子就没反驳。

80% 的准确率，牛啊，其实不用 80%，如果你能在外汇市场中对于每次 1% 以上的波动，判断的准确率达到 51%，就能通过策略稳定赚钱了，再加上杠杆，就可以稳定赚大钱了。

现实很残酷，世界很复杂，能做到的人几乎没有，否则这个世界就应该属于写策略的人。

10.3.3 选择有始有终的交易策略

很多人喜欢用短线交易、长线交易来划分交易风格，其实这样的划分并不好。什么短线长线，持续在赚钱的交易当然时间越长越好，持续在亏钱的交易，一分钟都不该多待。

所以，长线策略、短线策略都不重要，关键是你要选择一个有始有终的策略。每一次开仓平仓要有一个闭环，前面的交易了结了再考虑新的策略。那种每天一个买卖策略，只管开仓不管平仓的策略，说好听了是短线交易策略，说不好听的，就是顾头不顾腚，没有责任心。

说了这么多，那么好的交易策略去哪里找呢？毕竟市场上绝大多数的外汇黄金交易策略都是由交易经纪机构提供的。实在找不到也好办，可以选择我们的每日黄金外汇交易策略。我们的交易策略虽然不保证你能总是赚钱，但是长期交易下去，想亏钱也不那么容易。

10.4 在投资理财中常见的错误与对策

有粉丝问笔者能不能写一篇家庭应该如何理财的文章，对于该选题，要想讲透彻，恐怕需要 30 余万字。即使能写出来，读者也不见得就能看呀。

然而这确实是一个很现实的问题，虽然大家的收入这么多年来提升了很多，但是日子过得越来越谨慎。到底哪里出了问题？其实就是钱出了问题。

我们的钱出了什么问题？很简单，就是总是不够用。为什么钱不够花呢？月薪两千元觉得不够花，月薪两万元还是不够花。到底哪里出了问题？对大部分人来说，钱不够花不是赚多少的问题，而是理财出了问题。

怎么解决这个问题呢？很多人意识到该问题，于是跑去银行理财师那里，科学地规划了整个理财方案，或者找本理财的书自己啃一啃，学点科学理财知识，然而这些人所做的一切似乎并没有用，该缺钱照样缺钱。

为什么会这样？不是科学理财知识有错误，也不是理财师不专业，而是步子迈得太大了。理财既是一个认知也是一个行为，它是一门知识，同时也是一种能力。获取知识我们可以从书本中或通过请教高人一步到位，但是要想掌握一种能力，却要一步一步循序渐进地进行。否则，以前固有的习惯，会成为你科学理财路上的极大障碍，想一步登天的，往往都只能在原地踏步。

所以，家庭如何理财？首先从逐一改正错误的财务行为开始。

说起理财不过就是关于赚钱、花钱和存钱的事，站在这 3 个维度上，笔者总结了 3 个短期很爽但长期后悔的错误理财行为，对照这 3 个行为一一改善，你的家庭财务状况就会发生翻天覆地的变化。

10.4.1　在存钱这个维度上常见的错误

在存钱这个维度上常见的错误是"先花钱、再存钱"，理财的 3 个维度：赚钱、花钱和存钱，都非常重要，但是哪个最重要呢？有的人可能会说是赚钱。

只有赚更多的钱，才能从根本上解决缺钱的问题，不是吗？也有人可能会说是花钱，钱只有在花出去的时候才能实现其价值，不是吗？

对，赚钱和花钱两个维度的确都是重要的事，但是如果从财富的积累和实现财务自由的人生来说，那么笔者认为存钱才是最重要的。

因为对绝大部分人来说，你一辈子赚的钱注定是有限的，而花钱的欲望是无限的，如果没有存钱这一条，则永远达不到财富自由。

所以，当我们把存钱摆在第一位的时候，我们每拿到一笔收入的时候优先应该做的事情是按一定的比例存起来，然后考虑开支的问题。这是正确理财的开始。

现实的情况却是，我们往往等钱花完了才想到要存钱，这样做虽然会让你花钱花得很过瘾，但结果往往是成为月光族，长期下来一点积累都没有。创业、投资、买房也就无从谈起了。

如果不把存钱摆在第一位，即便你的收入在提高，消费等级往往会更快速地跟上，最终你除了短时间的开心一无所获。

10.4.2　在花钱这个维度上常见的错误

花钱是使用金钱进行交易的过程，这个交易的目的是获得某种效用。既然是交易，就存在一个效率的问题。

高效率花钱不是指在很短时间内花掉很多钱，而是在金钱一定的情况下，让消费的效用最大化，而这个效用是一个时间的函数，效用最大化是各个时间序列上产生的效用之和。

不过我们在消费时决定我们花钱的往往是短时间内的效用，这个效用很刺激却并不一定是效用最大化的选择，这也就导致了我们花钱时的低效率。一元钱本来能让我们得到两个苹果的效用，但是却因低效率而变成了一个苹果的效用，低效率的花钱实际上可以看成一种财务的损失。

在互联网时代，除了我们自己的冲动，还有无数的精英通过各种设计甚至人工智能算计你。他们如何赚取超额利润？其实就是千方百计让你基于短期的满足做出非理性的低效率决策，你损失的那部分效应就变成了别人的超额利润。

那么我们应该如何避免这种情况，让花钱的效率提高起来？其实做法很简单，但是大部分人没有做这件事，就是做消费预算。

在这个过程中你可以理性地去计划自己如何花钱，可以最大限度地降低非理性的消费，也可以避免外部环境对你的刺激。每个月花一个小时做预算，你就会发现你花的钱变少了，而获得的效用却有可能是变大的。

在花钱的这个维度上，除了不做消费预算这个常见错误，还有一个常见的错误就是我们喜欢把花在身体和精神上的钱都当成消费，而把这两种花费当成同一性质的事情的结果就是，我们在精神上的花费往往是不足的。花在身体上的是消费，而花在精神上的往往是一笔投资。

笔者在前文说过，人的一生能赚到的钱是有限的，但是如何让这个上限得以提高？存量部分还可以靠一把力气，而增量部分靠的只能是头脑。

如果把花在精神上的钱的当成对自己头脑的投资，那么它的花费理应就比当作消费时要高。事实上也是如此，目前普遍的情况是我们在自己精神上花的钱是不足的。

10.4.3　在赚钱这个维度上常见的错误

在赚钱这个维度上，我们有 3 个常见的错误理财行为。我们获得收入的途径有两个，一个是工作收入，另一个是投资收益。对于如何提升工作收入的问题，不用说大家都知道，那么笔者在这里就讲解我们在获得投资收益中的 3 个致命错误。

1. 有钱投资，没钱还债

笔者身边有一些朋友，一边借消费贷一边炒股票，还美其名曰自己是在空手套利，结果却一步一步踏入财务陷阱上不了岸。

其实，还债本身就是一种投资，想想那些短期的消费贷款，利率最低也要8%~10%，对于这样的利率水平有多少人能够稳定地达到呢？如果你达不到这个收益水平，那么还债就成了最佳的投资选择。

除了利率上没有稳定的套利空间，关键是这种短期债务还会加大心理压力，投资本来就是一件很挑战人性的事情，在投资本身的压力下你尚不能泰然自处，再加上一个债务压力，想要正确地进行投资决策就更是难上加难了。

借债虽然看上去钱多了，但是它最终带给我们的不是更加淡定，而是焦虑。所以，除了房贷这种长期贷款，正常情况下，一个财务健康的家庭是不应该有短期消费借贷的。

2. 只学习怎么获利，忽视风险管理

我们在学习如何投资的时候往往只关注如何在市场中获利，于是读了大量的涨停板秘籍和擒庄技巧之类的书，然而和投资收益伴随而生的就是风险。

收益越大风险越大，这是常识。在这种关注倾向下，我们往往在选择金融理财产品的时候给予收益更高的权重，对风险的评价更低，这就会让我们做出不理性的投资决策，严重的时候还会踩雷。

为什么道理都懂我们却还是会时不时犯这样的错误呢？因为追逐利润是顺人性的，而规避风险往往是人性的盲区。

怎么办？既然是人性的盲区，那么就要对其进行修正，我们可以把风险直接前置，就像我们把存款前置一样。在投资中有一句话，"未虑胜先虑败"。这是有道理的，只有对风险有过分的关注，才能在人性的拉扯下最终形成投资收益和风险的平衡选择。

3. 把别人的短期收益当成自己的投资收益预期

既然要投资，那么我们总要对投资收益有期待，没有期待也就没有所谓的投资。投资始于对投资收益的期待，这是投资的起点，但是投资往往也毁于这个起点。其实还是那句老话，有多高的收益就有多高的风险，如果你的投资收益预期不符合常识和基本的规律，就要承担额外的风险，而这个额外的风险最终会导致你投资的失败。

在形成投资预期这件事情上，我们很容易受到外部的影响，新闻也好，身边的朋友也好，我们听说的关于投资的信息往往都是两个极端，很少有正常的。要么就是谁一年赚了多少倍，要么就是谁巨亏破产，再不就是巴菲特年化 20% 之类

的。这也难怪，毕竟正常的收益是不能成为新闻或谈资的。

这些情况都是事实，但其不具有普遍性，都是不正常的收益，是低概率事件，尤其是人们天然就有回避错误的本能，我们看见或听见谁短期赚了大钱的事情比亏钱的要多得多，在这样的环境下我们对自己的投资收益预期就很难不受到影响。

怎么办？给自己一个理性而又符合常识的收益预期。保守一点，如果收益比自己的预期高，就当是生活中的惊喜。那么比较保守的合理预期应该是多少呢？可以参考一下 M2 的增速，这是这个社会一年增长出来的钱的平均增速，目前该增速的数据为 8.2%。最后，笔者将上述错误总结一下，即：

先花钱、再存钱；

没有预算地花钱；

花在精神上的钱太少，花在身体上的钱太多；

有钱投资，没钱还债；

只关注收益忽视风险；

把别人的短期投资收益当成自己的长期投资预期。

10.4.4　3 个对策，重新认知、重塑希望、纠错调整

笔者有一个朋友，在某银行做理财经理。一个月前专门找笔者咨询股市后市能不能涨。看着她期待的眼神，笔者真的很想告诉她：后市会上涨，明年大牛市。不过最终还是按照真实表达自己看法的原则，和她说了一个相对悲观的观点和逻辑。

她听完我的分析，眼神瞬间就黯淡下来。看到其不高兴，笔者就向她解释道："股市不太好是我的判断和观点，不代表市场就会这样，虽是实话也不一定正确嘛。"听完笔者说的话，她很勉强地挤出了一丝笑容，然后说："如果股市明年还不涨，我就想去死了。"

笔者本来以为这就是一句玩笑话，结果却被她说话时的严肃表情吓了一跳，看上去不像是开玩笑，于是赶紧问她："不至于吧？也就是个股票而已，怎么还整到生死上去了呀？"

"怎么不至于？工作十几年的积蓄全部买了股票基金，而且为了完成销售任

务，把自己亲戚朋友的钱也买成了股票型基金，如果股市再跌，多年积累灰飞烟灭，你觉得活着还有什么意思呢？"

笔者当时居然无言以对。是啊，股市如果继续下跌，基金套得死死的，那么你还能做什么呢？

一个多月的时间，朋友那种要死要活的神态时不时地就会在笔者脑中出现，笔者也一直在思考对此应该怎么解决。想来想去，发现这件事不是买与卖和涨不涨的问题，关键是如何从绝望的情绪中摆脱出来，而这需要一个系统的解决步骤，这个步骤包括：重新认知、重塑希望、纠错调整。

1. 正确地认知股票型基金

要理性地投资股票型基金，对基金的正确认知就是一切的起点，虽然理念看上去很虚，但是却无比重要，正心才是一切的起点。

首先，股票型基金的本质是什么？其本质是你将钱委托给基金经理帮你投资股票，然后你付给基金公司管理费。所以在选择基金时，需要重点考虑的是基金经理靠不靠谱，而不是未来市场会是什么行情，那是基金经理应该干的活。

其次，买股票型基金的目的是什么？这里面有如下两层含义：

（1）买股票型基金的唯一目的是盈利

这一点很简单，尽管如此，仍然有很多人做不到。尤其是一些金融业的人士，他们买基金的理由除了盈利，还有刷手续费、完成任务等，实现盈利的目的已经不易，而除盈利这个小目标外还要同时照顾另外的各种目的，自己想想会有个什么结果？

（2）这个回报是风险回报

你的收益主要来自承担风险，和判断没什么关系。要获得承担风险的报酬，就必须要保证做好两件事：一是有足够长期的资金，以保证能够等到风险向有利的方向发展；二是永远不满仓，这是为了在市场的任何时候都留有希望，尤其是在极端的市场情况下，这一点十分重要，它决定了你能否坚持下来。

（3）没有最优的基金，只有合理的组合

我们总是试图找到业绩表现最牛的基金，但说实话这是做不到的。并不存在一种分析方法能告诉你哪只基金未来最厉害，无论是历史业绩排名还是那些看不懂的分析指标，都做不到。判断基金的未来表现有时候还难过股票，因为这里面人的因素占比太高了，而人的管理水平和状态是随着时间的推移而发生变化，这是很难准确地评价与判断的。

综上所述，在选择基金时我们要放下买到最好的念头，转而去争取获得高于平均数的收益水平。这需要用到一个资金组合，而这个组合的构建可以很复杂，也可以很简单。比如，我们列出一个负面清单，把垃圾基金去除掉，对剩下的随机去买一组，那么跑赢平均水平就是比较大概率的事件。

（4）放弃短期暴利，建立合理收益预期

回想一下，我们买基金亏得最惨的几笔是出于什么心理动机而购买的？大多是看见别人在赚取暴利，因此火急火燎地跟风买入。追求短期暴利对财富积累的破坏不仅表现在基金投资上，在其他投资上也一样破坏力强大。

那么短期暴利的机会是否存在？肯定是存在的。但是想要把握这样的机会基本上靠运气。运气不会一直都好，一旦不好，伴随暴利而来的巨大风险就会吞噬财富，最终使投资者一败涂地。

这个市场每天都在起起伏伏，但并不是什么钱都适合赚的，我们对收益要有合理预期。什么叫合理预期呢？符合常识的收益率就是合理预期，显著超出常识的收益率背后往往都是陷阱。

巴菲特是全球顶尖的投资者，其长期回报率是21%，当你发现你买的基金五年年化收益率超过这个数值了，就应该考虑这个收益率是否偏离合理预期。

贵州茅台那么牛，每年的收益增长也就28%，当你发现身边的人都在收益翻倍的时候，应该思考这时是否适合买入基金。人力终有极限，财富本身也是稀缺的，长期来看过高的平均收益率水平是不存在的。

2. 重塑希望

把第一步的认知搞清楚，其实是为了给第二步打基础。因为对股票基金建立正确认知的过程就是面对自己错误的过程，只有直面自己，才能直面亏损，摆脱绝望，重塑希望。那么如何重塑希望呢？其实方法很多，笔者在这里讲解一个比较容易做的，即把模糊进行量化。

比如，现在浮亏是50%，那么我们就知道未来赚一倍才能回本。要是想赚一倍，如果年化回报率为15%则需要5年，年化回报率为12%就需要6年，把它变成具体的时间和收益率。

这里要注意：预期收益率和亏多少钱没有关系，其只和未来有关系，它符合第一步所说的常识问题。这里的预期要科学理性，否则重塑的就不是希望而是妄想，这个妄想可能会让你反复地犯错误。

合理的预期虽然让实现希望的时间有点长，但终归是有希望的，这和绝望有本质的区别，而且重塑希望的过程还是重新树立投资目标的过程。

3. 纠错调整

其实走完第一步和第二步，解决了心魔，到了实际执行的阶段反而简单了。以重塑希望时的收益率为目标，以第一步的认知为准则，去看看自己的基金乃至整体的资产配置，换掉不符合要求的基金，满仓的基金退出 30%~40%，给未来留下希望。

总之，符合认知的留下，不符合的改掉。这个改掉的过程就是希望重新出发的过程，这个过程本身就已意义重大。

10.4.5　如何在市场涨跌中保持良好心态

受密集的政策影响，市场涨涨跌跌，不仅如此，有时候还暴涨暴跌。大约两周前，笔者在每周的策略课上，建议大家买入股票，结果买的人赚了，而一些小伙伴就又不淡定了。有人买乐视亏了 50%，还能保持淡定，现在浮盈了 5%，却每天一惊一乍的。

为什么我们在亏损 50% 的绝境中能够不动如山，却被 5% 的浮盈扰得坐立不安？有一句老话叫作哀莫大于心死，我想 50% 的亏损还能不动如山，应该就属于心死的状态了吧。

心死是什么状态？那就是没有理性思考，没有情绪波动，没有对与错的判断，没有投资原则和资产配置，更不要说什么反思、总结和提高，总之通通没有。这种状态看上去是不动如山，其实是山已经塌了。

在这种状态下再去爬新的山，可想而知，有了极度的负面体验后，市场波动对情绪的影响将被放大，5% 的波动在心理感受上已经被放大了 5 倍，变成了 25%，而对恐惧的感知又比盈利高一倍，这样 5% 的浮盈在心理上就成了生死之事，如何能不被影响呢？

这不仅仅是一个市场有没有到底部的问题，更重要的是我们要直面自己心底的深渊。我们如何才能摆脱这种状态，跳出这种永无休止的循环，重塑健康的投资心态？这真的很难，要解决这个问题，就要从根部着手。

首先要解决的问题是我们到底是否适合做股票这类高风险高收益的投资，关于这个问题，彼得·林奇在他的书中曾经列出了如下 4 个测试题，笔者认为还是比较靠谱的。

1. 你是否具有承担痛苦和亏损的能力

投资要追求高收益就要承担高风险，任何投资都有亏损的可能，而面对亏损的时候既要求投资者在客观上有承受的能力，比如亏损财富不影响正常的生活质量等，还要求投资者在主观上能承受亏损带来的痛苦。承担痛苦的能力不仅指你不怕疼，还要清楚地知道自己能承受多少痛苦。

2. 你是否具有承认错误的谦虚态度

谦虚地承认自己的错误在任何投资风格和门类中都是很重要的事情，所有人都会犯错，这是天底下最正确的事情。如果有人可以不犯错误，直接上期权，他就可以在一年内拥有全世界，但这显然是不可能的。

3. 你是否有长期研究一个投资标的的兴趣和时间

卖手机的如果说自己的手机是"充电 5 分钟，通话两小时"，那是说自己的手机牛；做投资的如果说自己投资股票是"研究 5 分钟，持有五六年"，那就不是牛而是傻了。

然而，就是这种看上去很傻的行为，很多人却一直乐此不疲。长期深入地研究是投资信心的来源和保障，研究 5 分钟大部分人能做到，但是长期研究就要受到时间的限制，并且还必须得有兴趣，否则阅读枯燥的数字和报告也是一种痛苦，人一旦感到痛苦就很难做到长期研究。

4. 你是否对自己的认知有信心，不论赚钱与否情绪都不会受到影响

无论我们如何去研究和分析，买入的股票都会经历一大段时间的浮亏，因为我们不可能总是精准地买到底部，而且上涨的时间占比也仅为 20%。所以在这种时候如果我们的情绪总是跟着是否赚钱走，那么基本上不用想了，即使再有信心的投资也会在这种摇摆中被动摇，最后被市场踢出去。

针对上述 4 个问题进行自测，如果答案全部都是"是"，那么恭喜你，你适

合做股票这类的高风险投资。不过这里要提醒大家的是，不要急着回答。对这 4 个问题全部回答"否"很容易，但是全部选择"是"很难。

因为这些问题本身就要求一个人是个矛盾体，比如既要谦虚认错又要有信心坚持，那么什么时候要谦虚认错，什么时候要坚持呢？这需要很深的功力，非十年经验怕是不可得。

如果对这 4 个问题的回答都是"否"，自己根本不适合做股票这种高风险投资怎么办？那么直接不做就是最正确的事情。不过，还有转机，那就是如果你对第一个问题的回答是"是"，那么你可以选择一种被动的投资方式，即彻底放弃选时和选股，用一种固定的规则去参与这个市场。

（1）投资一个皮球。什么叫作投资一个皮球呢？很简单，就是选择一个像皮球一样的标的。这个标的可以跌得摔在地下，但是它最终必然会弹起来，而且摔得越厉害就反弹得越高。这种皮球式的标的是什么呢？肯定不会是个股。

因为很多个股趴地下就永远起不来了，这个标的就是股票指数。只要股市不关门，股票指数总会弹起来。在中国这个指数是沪深 300，在美国是标普 500，这些都是可以的。

（2）固定一个比例。选择指数作为标的后我们不能把所有的钱都买成指数，而是应该设置一个比例。要以一定的比例投资无风险的固定收益资产，这样做的目的有两个：一个是降低整体的波动性，让自己感觉良好；另一个是当股市波动时，我们有足够的资金可以进行股票指数投资的增减。这一点非常重要，没有这一点，直接 100% 投进股市指数，当指数也下跌 50% 时，你就会又不动如山了。

这个比例是多少呢？其实这和时间有关系，就是你人生中可投资的时间长度。时间长度越长，你可以承受的波动越大，经历的周期越多，这样你股票指数的比例就可以越高。在理财理论中有一个简单的算法是用 100 减去你的年纪，比如你今年 30 岁，那么这个固定比例就是 70% 的股票指数和 30% 的固定收益，这种算法固然简单粗暴，不过确实有其道理，可以直接拿来用。在实际投资中，根据自己的资金稳定性进行微调即可。

（3）固定规则的动态调整。按照固定比例进行投资后，我们是固定了，但是市场并不固定。这时需要做的是根据市场的波动进行调整，这个调整也是按一个确定的规则来进行。这个规则可以是一个时间点，比如在每年的某一天进行调整，也可以是某个市场幅度，比如市场比基准日涨跌超过了 30%，这些都是可行的。

那么如何调整呢？很简单，市场波动后，你的资产配置比例也就跟着发生了变化，当调整条件达到时，卖出多的，买入少的，把投资比例恢复到原始比例即可。这样的动作可以让你在股市的高位自动地降低持股，同时在股市的低位自动地提高持股，并且这个调整可以一直进行下去，不会出现没钱的情况。